U0383691

课题研究受以下项目资助：
国家自然科学基金（11861007，11761007，11661004）
江西省主要学科学术与技术带头人资助计划（20172BCB22019）
江西省高校科技落地计划（KJLD14051）
江西省教育厅科技研究项目（GJJ160564）
东华理工大学博士科研启动基金（DHBK2017148）
东华理工大学科学计算与最优化科技创新团队项目

若干扩散模型及在放射性资源
采集与迁移建模中的应用

■ 张 文 王泽文 著

WUHAN UNIVERSITY PRESS
武汉大学出版社

图书在版编目(CIP)数据

若干扩散模型及在放射性资源采集与迁移建模中的应用/张文,王泽文
著.—武汉:武汉大学出版社,2020.12(2022.4重印)
  ISBN 978-7-307-21865-9

Ⅰ.若⋯ Ⅱ.①张⋯ ②王⋯ Ⅲ.数学模型—研究 Ⅳ.O141.4

中国版本图书馆 CIP 数据核字(2020)第 207616 号

责任编辑:王　荣　　　责任校对:汪欣怡　　　整体设计:韩闻锦

出版发行:**武汉大学出版社**　　(430072　武昌　珞珈山)
　　　　　(电子邮箱:cbs22@whu.edu.cn　网址:www.wdp.com.cn)
印刷:武汉邮科印务有限公司
开本:787×1092　1/16　印张:8.75　字数:205 千字　　插页:1
版次:2020 年 12 月第 1 版　　2022 年 4 月第 2 次印刷
ISBN 978-7-307-21865-9　　定价:36.00 元

前　言

　　许多自然现象的规律可由偏微分方程(组)来表达,如运动规律、生物种群繁衍等,而这些现象的一些深层次性质也可通过数学推理从偏微分方程(组)中导出. 相比于文字表达,偏微分方程(组)的表达方式具有更强的优越性,更能揭示自然现象的本质. 例如,Maxwell 方程揭示了电磁相互作用的统一性,Weinberg-Salam 方程刻画了弱电相互作用统一理论. 简单地说,偏微分方程(组)就是包含未知函数偏导数的一个(组)关系式.

　　扩散方程,作为偏微分方程的典型代表,常用来描述扩散、传导或渗透等物理现象、反映物质随时间变化的物理过程,如热能的扩散、流体中污染物的扩散、核素迁移、生物种群繁衍与迁移、金融产品的期权定价等模型问题. 扩散方程在环境科学、能源开发、流体力学和电子科学等众多领域都有广泛应用,对其的研究在理论和生产实际方面都有着非常重要的意义.

　　本书围绕实际应用所涉及的扩散方程模型、在放射性资源采集与迁移建模参数识别反问题以及自由边界问题展开讨论,主要内容为以下三个方面:针对铀矿微生物堆浸背景,讨论了铀矿堆浸扩散模型以及参数反演问题;针对孔隙与单裂隙双重介质中核素迁移背景,讨论了双重介质中核素迁移扩散模型及反问题;针对"薄"预混火焰燃烧和相位分离背景,分别讨论了热-扩散燃烧模型和高阶广义 Cahn-Hilliard 方程等自由边界问题,并进行了数值模拟.

　　本书是作者部分研究工作的总结,其中王泽文参与了关于参数反演问题的研究工作. 本书可作为相关专业高年级本科生、研究生和研究人员的参考书.

　　本书关于自由边界问题的研究得到了 Claude-Michel Brauner 教授和邱建贤教授的指导、鼓励和帮助,感谢法国普瓦捷大学的 Alain Miranville 教授和法国拉罗谢尔大学的 Laurence Cherfils 教授在科研上给予的关心和帮助,感谢上海财经大学、浙江理工大学徐定华教授在本书写作过程中给予的细致的指导与帮助.

　　本书的研究工作得到了东华理工大学理学院、科技处等部门及相关领导的大力支持和帮助,得到了国家自然科学基金(11861007,11761007,11661004)、江西省主要学科学术与技术带头人资助计划(20172BCB22019)、江西省高校科技落地计划(KJLD14051)、江西省教育厅科技研究项目(GJJ160564)、东华理工大学博士科研启动基金(DHBK2017148)、东华理工大学科学计算与最优化科技创新团队等项目的资助,在此一并致谢!

　　感谢武汉大学出版社编辑老师的帮助.

　　由于作者水平和时间有限,书中疏漏之处在所难免,恳请读者批评指正.

作者

2020 年 8 月

1

目　　录

第1章 绪 论

扩散方程是描述扩散现象中物质密度变化的一类偏微分方程. 该物质密度变化量一般受时间和空间位置影响, 故可将它表述为空间位置 (x, y, z) 和时间 t 函数. 例如, 设空间中某区域的温度分布为 $u = u(t, x, y, z)$, 在物体内部不具有热源的情况下, 其温度分布 $u(t, x, y, z)$ 满足:

$$\frac{\partial u}{\partial t} = a^2 \left(\frac{\partial^2 u}{\partial x^2} + \frac{\partial^2 u}{\partial y^2} + \frac{\partial^2 u}{\partial z^2} \right), \ a > 0, \tag{1.1}$$

式中, $a^2 = k/Q$, k 为传热系数, Q 为热容量. 由于该方程来自传热现象, 故也称方程 (1.1) 为热传导方程.

当 $u = u(t, x, y, z)$ 表示溶解物在溶液中的密度时, 密度分布同样满足方程 (1.1), 所以方程 (1.1) 又称为扩散方程. 从概念上来说, 扩散方程所指一般比热传导方程所指更广. 接下来, 我们从几个具体现象简单了解一下扩散方程.

1.1 扩散现象及模型

1.1.1 半导体内的杂质迁移

热扩散是微观粒子极为普遍的现象, 是微观粒子做无规则热运动的统计结果, 宏观上表现为粒子由浓度较高的区域向浓度较低的区域运动. 半导体晶片掺杂正是利用热扩散原理, 将所需要的杂质加入半导体晶片内, 使其在晶片中的数量和分布符合预定的要求.

以一维为例. 设 J 为杂质粒子流密度, 它定义为单位面积、单位时间内通过的粒子个数; D 为扩散系数. 则粒子流密度与粒子浓度 N 的梯度成正比, 即满足 Fick 第一定律:

$$J = - D \frac{\partial N(t, x)}{\partial x}. \tag{1.2}$$

又由于粒子扩散时满足质量守恒, 即

$$\frac{\partial N(t, x)}{\partial t} = - \frac{\partial J}{\partial x} \tag{1.3}$$

于是, 得出半导体晶片掺杂的扩散方程为

$$\frac{\partial N(t, x)}{\partial t} = D \frac{\partial^2 N(t, x)}{\partial x^2}. \tag{1.4}$$

1.1.2 流体中污染物的扩散

流体中污染物的扩散表现为流体中污染物在流体内从某处转移至另一处的过程. 通

1

常，扩散过程一般具有两种基本方式：分子扩散与对流扩散. 在静止的流体或垂直于浓度梯度方向做层流运动的流体扩散，本质上由微观分子的不规则运动引起，称为分子扩散，满足方程(1.1). 对于一维情形，即满足

$$\frac{\partial u(t, x)}{\partial t} = a^2 \frac{\partial^2 u(t, x)}{\partial x^2}, \quad a > 0. \tag{1.5}$$

流体做宏观对流运动时由于存在浓度差引起的质量传递称为对流扩散，满足对流扩散方程

$$\frac{\partial u(t, x)}{\partial t} = -a \frac{\partial u(t, x)}{\partial x}, \quad a > 0. \tag{1.6}$$

1.1.3 燃烧过程中的组分扩散

燃烧，作为热物理四大过程(流动、传热、传质、燃烧)之一，体现了能量与物质的传递过程. 燃烧的热量传递方式为热传导、热对流、热辐射等.

根据燃料和氧化剂的混合模式，燃烧通常分为预混燃烧和扩散燃烧两大类. 预混燃烧是指燃料和氧化剂充分混合后发生的燃烧现象，二者由未燃区同向扩散至反应区，具有火焰传播的特征；扩散燃烧则是指燃料和氧化剂未充分混合，通过相向的扩散在火焰中发生反应的现象，其反应率取决于燃料和氧化剂的混合速率.

燃烧涉及多组分气体流动、传热传质以及化学反应等一系列过程，而化学反应动力学中大量不同速率的基元反应导致多维、瞬变流场的强烈非线性将使得燃烧问题十分复杂.

化学反应的时间尺度远小于流动和组分扩散的时间尺度，并且化学反应速率对温度极为敏感，因此化学反应往往受限于狭窄区域内，反应区只占据预混火焰中很小的部分，更大的范围则是反应物扩散及预热区，并且伴随了黏性耗散作用.

一般而言，化学反应气体的运动常用可压缩辐射反应气体的多维燃烧模型来描述，该模型由 Navier-Stokes 方程组(质量、动量、能量守恒关系式)和化学组分控制方程耦合而成[1-2]，即

$$\begin{cases} \dfrac{\partial \rho}{\partial t} + \mathrm{div}(\rho U) = 0, \\[2mm] \dfrac{\partial \rho U}{\partial t} + \mathrm{div}(\rho U \otimes U) + \nabla P = \mathrm{div}(S), \\[2mm] \dfrac{\partial \rho e}{\partial t} + \mathrm{div}(\rho e U) + \mathrm{div}(Q) = S : \nabla U - P\mathrm{div}(U) + k\lambda\phi\rho Z, \\[2mm] \dfrac{\partial \rho Z}{\partial t} + \mathrm{div}(\rho U Z) - \mathrm{div}(F) = -k\phi\rho Z. \end{cases} \tag{1.7}$$

式中，ρ，U，Z，P，e 分别表示流体的密度、速度、反应质量百分浓度、压力、内能；S 表示流体阻力的黏性拉力张量；$S : \nabla U$ 表示机械能到热能的耗散. 热流辐射 Q 满足 Fourier 定律，反映函数 ϕ 遵循一阶 Arrhenius 定律.

1.1.4 金融产品的期权定价

期权定价理论、投资组合理论、资本资产定价理论、市场有效性理论及代理问题，构

成了现代金融学的五大理论模块[3].

20 世纪 70 年代初, 哈佛商学院教授 Robert Merton、斯坦福大学教授 Myron Scholes、麻省理工学院教授 Fischer Black 提出了 Black-Scholes-Merton 期权定价模型, 是现代金融产品定价的核心, 为包括股票、债券、货币、商品在内的新兴衍生金融市场中各种以市场价格变动定价的衍生金融工具的合理定价奠定了基础, 并因此获得第 29 届诺贝尔经济学奖, 瑞典皇家科学协会赞誉他们在期权定价方面的研究成果将是今后 25 年经济科学中的最杰出贡献.

Black-Scholes-Merton 期权定价模型是现代金融的基础, 本质上是一个二阶线性抛物型方程

$$\frac{\partial f}{\partial t} + rS\frac{\partial f}{\partial S} + \frac{1}{2}\sigma^2 S^2 \frac{\partial^2 f}{\partial S^2} = rf, \tag{1.8}$$

为期权定价提供了创新的思路以及独特的定价结果.

通常, 由给定的方程、定解区域以及相应的初边值条件来确定方程的解, 称为偏微分方程(正问题)定解问题的求解过程. 然而, 除了某些特殊情况之外, 满足定解问题简洁实用的公式解往往难以得到, 因此, 构造所谓的近似解(或称数值解), 则成为理所当然的选择之一. 随着电子计算机的诞生以及各种科学理论、工程技术的快速发展, 偏微分方程数值解法的研究已经取得了非常丰富的研究成果, 发展出了很多数值方法, 例如: 有限差分方法、有限体积方法、有限元方法、配置方法、谱方法等.

1.2　参数识别反问题

自 20 世纪 60 年代以来, 在地球物理、生命科学、材料科学、遥感技术、模式识别、信号(图像)处理、工业控制乃至经济决策、流体力学等众多的科学技术领域中, 都提出了"由效果、表现、输出反求原因、原象、输入"等问题, 统称为"数学反问题". 由于此类问题有着广泛而重要的应用背景, 很大程度上受众多学科与工程技术领域应用产生的迫切需求所驱动, 其理论又具有鲜明的新颖性与挑战性, 因而吸引了国内外许多学者从事该项科学研究. 数学物理反问题已发展成为具有交叉科学的计算数学、应用数学和系统科学中的一个热门学科方向[4].

近年来, 随着现代科学技术的不断发展, 在数值天气预报[5]、材料无损检测[6]、波场逆散射[7,8]、图像处理[9,10]和生物医学成像[11]等领域出现了大量由偏微分方程模型描述的参数识别问题, 它们一般属于偏微分方程反问题研究范畴, 具有反问题研究典型的不适定性, 故也称参数识别反问题. 关于数学物理问题的适定性, 1923 年法国数学家 Hadamard[12] 提出: 一个数学物理问题若存在唯一的解, 且连续依赖于输入数据, 那么就称该问题是适定的, 否则称该问题为不适定的. 显然, 问题解的存在性和唯一性都与解的定义(解空间的大小)有关系, 而解对输入数据的连续依赖性还取决于解和输入数据的度量方式, 即问题的拓扑度量[13].

反问题是相对于正问题而言的, 根据斯坦福大学数学家 J. B. Keller[14] 的提法: 一对问题是互逆的, 如果一个问题的构成(已知数据)需要另一个问题解的(部分)信息, 则称其

中一个问题为正问题，另一个则为反问题. 例如，各类积分变换及其反演互为反问题. 若用系统论的语言加以简单阐述，则正问题对应于根据输入数据和模型来确定输出结果，而反问题是由部分的输出结果来重构系统中的某些参数或结构特征. 反问题的提出常常来源于自然科学与工程技术各领域中的实际需求. 例如，对于一个给定的二次多项式

$$q_2(x) = a_0 + a_1 x + a_2 x^2,$$

(1.9)

当已知系数 a_0，a_1，a_2 时，求解 $q_2(x_i)$，$\forall\, x_i \in \mathbb{R}$ 的过程往往看成正问题；反问题就是 Lagrange 插值问题，即对于给定的 3 对测量数据 (x_i, y_i)，$i = 1$，2，3，求解该二次多项式 $q_2(x)$ 的系数 a_0，a_1，a_2，使其满足插值条件 $q_2(x_i) = y_i$.

偏微分方程反问题主要考虑：由解的部分已知信息来求定解问题中的某些未知量，如方程中的系数、定解问题的区域或者某些定解条件. 与正问题相比，反问题大多具有不适定的特点，即问题的解没有存在唯一性，或不连续依赖于定解数据，不适定性是反问题最主要的特征，也是主要难点. 这种不适定性主要表现在以下两方面：一方面，受实际条件的制约，反问题的输入数据经常是欠定或超定的，这就导致其解可能不存在，即使存在也不唯一；另一方面，反问题的解往往不连续依赖于输入数据，而在实际问题中输入数据又不可避免地带有测量误差，这就导致用传统的数值方法求出的解不一定能反映问题的真实信息.

根据不同的反演对象[15-23]，抛物型偏微分方程反问题大致可分为以下三类：初值反演问题、边界条件反演问题、参数识别反演问题.

由于表征数学模型的物理参数可以直接定义物理实体(如密度、电压、地震速度等)，而观测数据可能与时间或空间有关，或者仅仅是一个离散观测数据的集合，工程师们希望将参数与一组观测数据联系起来，通常称根据观测数据来求解模型参数的问题为参数识别问题，这是一类典型的不适定问题.

如何解决实际生产生活中遇到的不适定问题，并得到一个稳定的反演方法，成为反问题研究中的关键问题. 近年来，数学物理反问题已经发展了很多求解方法，如脉冲谱方法、最佳摄动量法、蒙特卡罗法以及多种正则化方法等，反问题研究已成为科学与工程界非常活跃的研究方向.

1.3　自由边界问题简介

非线性反应扩散方程主要描述流体在多孔介质中的运动规律，在生物科学以及燃烧理论中都有所应用. 早在 1998 年，法国科学院院士 Roger Temam[24] 就已经讨论了反应扩散方程的渐进性行为，无论所研究的方程是否线性，自由边界问题都属于非线性问题. 更为重要的是：自由边界本身就是需要和定解问题的解一并确定的未知量. 这类问题与实际应用联系紧密，对科学研究和生产实践有着重大意义.

针对一个偏微分方程(组)的定解问题，通常需要限制在某个特定区域上求解. 如果(部分)区域随着时间和空间不断变化，且区域的边界是待定的，需要和定解问题的解一并确定，则称该问题为自由边界问题(Free Boundary Problem). 通常，自由边界问题的求解需要两个条件：一个用来确定自由边界，另一个则用来满足偏微分方程[25-27]，该条件

往往是超定的[28].

斯蒂芬(Stefan)问题,作为自由边界问题的其中一类,源于19世纪末奥地利物理学家 Jozef Stefan[29-30] 在研究极地海洋冰的融化问题时建立的固体-液体两相相变过程抛物型方程数学模型.

随着自由边界问题广泛应用于各个领域,传统斯蒂芬问题所研究的固态-液态两相及抛物型数学模型也得到了大大推广.例如,物理中等离子物理、渗流力学、塑性力学、射流等方面都提出了各种不同形式的定常和不定常自由边界问题[31-33],化学中热裂解碳的蒸气渗透问题[34];美国期权定价问题[35-37],针对扩散模型的美式期权计算最佳实施边界;生物种群的扩张传播问题(或捕食问题)[38-42](自由界面代表新物种入侵的扩散边界),得出新物种入侵种群后继续蔓延或者灭绝的判断条件;医学中肿瘤的生长问题[43-44],研究肿瘤内营养物、抑制物的反应扩散过程和由此导致的细胞坏死分解行为;肌肉中含氧量[45-49]、伤口愈合问题[50-51],针对表皮细胞密度和化学物质浓度形成的伤口移动边界,研究"生物化学"调控过程等.

1.4 研究内容

本书将讨论与扩散相关的偏微分方程模型及参数决定反问题,包括铀矿微生物堆浸背景下扩散模型及参数反演问题、双重介质中核素迁移的扩散模型及反问题、含有两个自由边界燃烧背景中的扩散模型以及高阶广义 Cahn-Hilliard 方程的稳定性分析和数值模拟等.具体研究内容如下。

第1章为绪论部分,主要介绍了偏微分方程、扩散现象及模型、反问题、自由边界问题的概念与研究背景等,并介绍本书的主要结构.

第2章,研究了铀矿微生物堆浸工程中的扩散模型与参数识别反演实际应用问题.针对铀矿生物堆浸背景,结合催化剂条件下的化学反应,推导了铀矿堆浸扩散模型,采用最佳摄动量和 Tikhonov 正则化方法对铀矿堆浸扩散模型参数识别反问题进行了求解,并给出了铀矿堆浸模型的正、反问题求解的数值模拟.

第3章,研究了孔隙与单裂隙双重介质中的一类核素迁移扩散模型反演问题.针对孔隙与单裂隙双重介质中核素扩散模型,采用 Laplace 变换方法计算出核素迁移耦合模型的解析解,然后将反演问题转化为一个泛函极小化问题,进而利用拟解方法和偏微分方程的叠加原理得出泛函极小化问题的数值算法,最后给出了核素迁移耦合模型正、反问题的数值模拟.结果表明:正问题的解析解能够刻画核素的迁移规律,也显示本书所提的反问题方法能有效地反演核素污染源.

第4章,针对文献[52]中"算子形式"的燃烧模型,我们得出包含两个自由界面的燃烧问题,该问题具有两个自由边界:着火边界和跟踪边界.针对自由界面的胞状不稳定情况[即 $0 < Le(\text{Lewis 数}) < 1$]展开研究,在带宽为 ℓ 的带型区域 $\mathbb{R} \times (-\ell/2, \ell/2)$ 下,将自由边界问题转换为平面行波火焰的完全非线性抛物型方程组边值问题,便于后续的火焰锋线性稳定性分析和数值模拟.

第5章,针对第4章中所得出的火焰锋完全非线性抛物型方程组边值问题,进行了线性稳定性分析，证明了决定行波解稳定性 Lewis 阈值的存在性，即：大于该 Lewis 阈值时行波解稳定，小于 Lewis 阈值时行波解不稳定，并且进一步得出了确定 Lewis 阈值 Le_c^* 的解析表达式；针对完全非线性系统进行了数值模拟，该完全非线性系统描述了平面波的扰动现象，数值结果显现了非常有趣的、由燃烧界面和跟踪界面形成的燃烧火焰锋稳定的"双峰"形式.

值得一提的是，我们得出 Lewis 阈值 Le_c^* 的显式表达式是一个与带宽 ℓ 有关的函数，与 $\ell \to \infty$ 的渐进行为作比较时，带型区域下的 Lewis 阈值比整个二维空间下的阈值小，并且当带宽 ℓ 增加时，Lewis 阈值能逐渐接近，因此可以作为文献[52]的推广形式.

第 6 章，针对扩散问题的高阶广义 Cahn-Hilliard 模型：

$$\frac{\partial u}{\partial t} - \Delta \sum_{i=1}^{k} (-1)^i \sum_{|\alpha|=i} a_\alpha \mathcal{D}^{2\alpha} u - \Delta f(u) + g(x, u) = 0, \qquad (1.10)$$

探讨了整体解长时间的渐进性态，即探讨整体解在时间趋于无穷大时是否趋于某个平衡态、对应的无限维动力系统是否存在整体吸引子，讨论了高阶广义 Cahn-Hilliard 模型在 Dirichlet 边界条件下的理论结果，得到解的适定性和正则性，证明了解算子的耗散性以及整体吸引子的存在性.

第 7 章，主要是第 6 章的数值模拟部分，并且从中发现了控制各向异性的方法. 针对两类高阶 Cahn-Hilliard 方程：高阶广义 Cahn-Hilliard 模型和高阶广义 Cahn-Hilliard 方程的双曲松弛形式模型进行数值模拟，数值结果充分体现出 Cahn-Hilliard 方程中高阶项在控制各向异性特征时是非常有效的.

第 8 章为总结，描述了后续可能研究的内容，以供有兴趣进一步研究的同行们参考.

附录部分为本书中使用到的理论、结论和算法等相关知识，供读者查阅、参考.

第 2 章   铀矿堆浸中的扩散模型与参数反演

本章研究铀矿堆浸工程中的扩散模型以及参数识别反演问题. 首先，通过将溶质运移方程与微生物化学反应相结合，推导出铀矿堆浸的数学模型；然后，针对所提数学模型的参数识别反问题，利用最佳摄动量和 Tikhonov 正则化方法求解；最后，给出铀矿堆浸模型的正、反问题求解的数值模拟，数值结果显示该参数识别反问题是有效的.

2.1   微生物铀矿堆浸简介

由于铀矿资源的稀缺性及非常突出的战略重要性，铀矿资源受到世界各国的严密保护. 随着高品位的铀矿资源在世界范围内已消耗殆尽，学者们对低品位和复杂的铀矿石的关注度便越来越高. 低品位和复杂的铀矿难以采用传统方法处理，存在众多缺点，如：回收率差、工艺和能源成本高、水资源污染负荷增加等[53-54]. 因此，降低能源成本的铀提取技术正变得越来越具有吸引力，其中就有堆浸技术. 在 20 世纪 70 年代早期，人们首先利用这种方法通过氰化作用从低品位矿石中回收黄金，如今已经发展成为一种重要的湿法冶金技术，用于回收重要金属[55].

铀还可以通过加入微生物催化剂从铀矿中氧化还原出来. 目前，微生物堆浸技术对于从各种硫化物矿物或低品位矿石中回收有价值的金属起着非常重要的作用，已经成为低品位铀矿石的主要提取技术[56]. 微生物浸矿技术主要取决于细菌催化过程，该细菌过程也是硫化矿物自然风化的根本原因，但讨论铀矿石堆浸数学模型的学者较少[57-58]. 部分学者在移动和固定区域内建立了溶质运移模型，然而，化学反应参数(如堆浸过程的分解系数)往往需要预先给定. 在本章中，我们将溶质运移模型与微生物化学反应相结合，通过最佳摄动量算法和 Tikhonov 正则化方法对模型的化学反应参数进行识别.

2.2   正问题及其数值算法

2.2.1   数学模型

微生物辅助堆浸技术是一种从矿石中提取低品位重金属的工业采矿工艺. 通常该过程可描述为将含有微生物细菌的溶液喷洒于矿石堆中，将目标金属物质溶解到溶解液，并排入矿堆底部的储存池中.

由于堆浸过程中所发生的化学反应错综复杂，有关微生物浸出过程是直接反应、间接反应，还是两者都有的反应机制，科学家们一直没有得出结论.

众所周知，铀元素常见于四价氧化态（如 UO_2），而六价铀变为四价铀需要氧化剂，通常用附属黄铁矿中释放或额外添加的三价铁离子（Fe^{3+}）充当氧化剂，六价铀氧化为四价铀形成铀酰阳离子溶解在酸性溶液中. 黄铁矿（FeS_2）是地壳中最丰富的硫化矿物，暴露于氧气和水中的黄铁矿表面将形成硫酸[59]，三价铁离子在许多酸性溶液中都是丰富的电子受体，它能有效地与表面硫物质相互作用并促进黄铁矿的溶解.

微生物催化反应在硫化矿物堆浸过程主要涉及两种化学反应机制[60]：一种是描述微生物与不溶性硫化物的物理接触的直接反应机制，表现为微生物氧化金属硫化物，直接从还原的矿物质中获得电子；另一种为间接反应机制，涉及亚铁离子和三价铁离子的循环过程，表现为亚铁离子（Fe^{2+}）被微生物氧化为三价铁离子（Fe^{3+}），三价铁离子充当氧化剂氧化金属硫化物并被还原成亚铁离子，而亚铁离子转而又被微生物氧化为三价铁离子，如此反复下去.

实际上，直接反应和间接反应的浸出模型仍在讨论中，在许多情况下，直接机制被认为起主导作用，主要是因为直接机制是通过细菌与矿物表面的直接接触来实现的. 然而，有一个明显的事实是，微生物加速了溶液中亚铁离子的再氧化而产生三价铁，用以氧化矿石中存在的硫，这种微生物参与的氧化反应比纯化学氧化反应快约 10 万倍[61].

图 2.1 将帮助我们更清晰地了解直接和间接机制之间的区别与联系：（a）间接机制，细菌将溶液中大量的亚铁离子氧化成三价铁离子，三价铁离子再浸出矿物质到溶液中；（b）间接接触机制，附着的细菌将亚铁离子氧化成细菌层和外聚合物材料层内的三价铁离子，该层内的三价铁离子浸出矿物质到溶液中；（c）直接接触机制，细菌通过直接氧化矿物质到溶液中，不需要任何铁离子.

考虑到微生物浸铀的复杂性，我们仅列出如下典型的化学反应：

$$\begin{cases} 4FeS_2 + 14O_2 + 4H_2O \xrightarrow{\text{Microbial}} 4FeSO_4 + 4H_2SO_4, \\ 4FeSO_4 + O_2 + 2H_2SO_4 \xrightarrow{\text{Microbial}} 2Fe_2(SO_4)_3 + 2H_2O. \end{cases} \tag{2.1}$$

反应方程组（2.1）描述了由微生物直接参与氧化的反应过程. 然而，作为氧化剂，三价铁离子（Fe^{3+}）是由方程组（2.1）的第二个反应方程式经过细菌催化产生的，它可以归类为间接氧化过程. 因此，方程组（2.1）的第二个反应方程式可以归类为直接机制，由反应方程组（2.5）的最后一个反应方程也可以将其归类为间接机制.

反应方程式小结如下：

$$4FeS_2 + 15O_2 + 2H_2O \xrightarrow{\text{Microbial}} 2Fe_2(SO_4)_3 + 2H_2SO_4, \tag{2.2}$$

于是，直接反应过程描述为

$$\begin{cases} 4FeS_2 + 15O_2 + 2H_2O \xrightarrow{\text{Microbial}} 2Fe_2(SO_4)_3 + 2H_2SO_4, \\ 2UO_2 + O_2 + 2H_2SO_4 \xrightarrow{\text{Microbial}} 2UO_2SO_4 + 2H_2O, \end{cases} \tag{2.3}$$

即

$$\begin{cases} 4FeS_2 + 15O_2 + 2H_2O \xrightarrow{\text{Microbial}} 4Fe^{3+} + 8SO_4^{2-} + 4H^+, \\ 2UO_2 + O_2 + 4H^+ \xrightarrow{\text{Microbial}} 2UO_2^{2+} + 2H_2O. \end{cases} \tag{2.4}$$

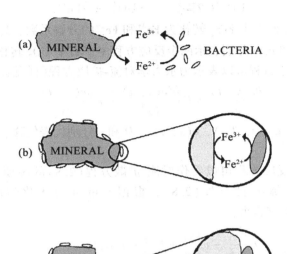

图 2.1　嗜酸氧化亚铁硫杆菌($A.\ ferrooxidans$)对硫化矿物作用的三种机制[62]

间接反应过程则描述为

$$
\begin{cases}
FeS_2 + 8H_2O + 7Fe_2(SO_4)_3 \longrightarrow 8H_2SO_4 + 15FeSO_4, \\
4FeSO_4 + 2H_2SO_4 + O_2 \xrightarrow{\text{Microbial}} 2Fe_2(SO_4)_3 + 2H_2O, \\
2S + 3O_2 + 2H_2O \longrightarrow 2H_2SO_4, \\
UO_2 + Fe_2(SO_4)_3 \xrightarrow{\text{Microbial}} UO_2SO_4 + 2FeSO_4,
\end{cases}
\tag{2.5}
$$

即

$$
\begin{cases}
FeS_2 + 8H_2O + 14Fe^{3+} \longrightarrow 15Fe^{2+} + 2SO_4^{2-} + 16H^+, \\
4Fe^{2+} + 4H^+ + O_2 \xrightarrow{\text{Microbial}} 4Fe^{3+} + 2H_2O, \\
2S + 3O_2 + 2H_2O \longrightarrow 4H^+ + 2SO_4^{2-}, \\
UO_2 + 2Fe^{3+} \xrightarrow{\text{Microbial}} UO_2^{2+} + 2Fe^{2+}.
\end{cases}
\tag{2.6}
$$

考虑铀矿堆浸实验室中的管状实验, 由于处于强酸环境, 可以忽略反应方程组 (2.6) 中的第三个反应方程. 结合直接和间接反应过程, 我们得出如下微生物化学反应方程组:

$$
4FeS_2 + 15O_2 + 2H_2O \xrightarrow{k_1} 4Fe^{3+} + 8SO_4^{2-} + 4H^+,
\tag{2.7a}
$$

$$
2UO_2 + O_2 + 4H^+ \xrightarrow{k_2} 2UO_2^{2+} + 2H_2O,
\tag{2.7b}
$$

$$
FeS_2 + 8H_2O + 14Fe^{3+} \xrightarrow{k_3} 15Fe^{2+} + 2SO_4^{2-} + 16H^+,
\tag{2.7c}
$$

$$
4Fe^{2+} + 4H^+ + O_2 \xrightarrow{k_4} 4Fe^{3+} + 2H_2O,
\tag{2.7d}
$$

$$\text{UO}_2 + 2\text{Fe}^{3+} \xrightarrow{k_5} \text{UO}_2^{2+} + 2\text{Fe}^{2+}. \qquad (2.7e)$$

式中，k_1，k_3 分别表示矿石中 FeS_2 转化为 Fe^{3+} 和 Fe^{2+} 的分解系数；k_4 为溶液中 Fe^{2+} 转化为 Fe^{3+} 的反应系数；k_2 和 k_5 则分别表示两个反应方程中矿石中 UO_2 转化为 U^{6+} 的分解系数.

已知一维溶质运移过程可以表示为水力学对流-扩散方程(详见文献[63-64])

$$\frac{\partial c(x,\ t)}{\partial t} = D \frac{\partial^2 c(x,\ t)}{\partial x^2} - v \frac{\partial c(x,\ t)}{\partial x}. \qquad (2.8)$$

式中，$x \in (0,\ L)$，$t \in (0,\ T_{\text{tol}})$，$c(x,\ t)$，$D$ 和 v 分别代表位移、时间、溶质浓度、扩散系数和对流速率.

由于微生物化学反应方程可以看作对流-扩散方程(2.8)的源项，结合化学反应方程(2.7a)~(2.7e)和对流-扩散方程(2.8)，根据 Schlogt 分子化学动力机制(详见文献[65])，我们得出以下方程组：

$$\begin{cases} \dfrac{\partial c_1}{\partial t} = D \dfrac{\partial^2 c_1}{\partial x^2} - v \dfrac{\partial c_1}{\partial x} + k_2 s_2^2 + k_5 s_2 c_3^2, \\[2mm] \dfrac{\partial c_2}{\partial t} = D \dfrac{\partial^2 c_2}{\partial x^2} - v \dfrac{\partial c_2}{\partial x} + k_3 s_1 c_3^{14} + k_5 s_2 c_3^2 - k_4 c_2^4, \\[2mm] \dfrac{\partial c_3}{\partial t} = D \dfrac{\partial^2 c_3}{\partial x^2} - v \dfrac{\partial c_3}{\partial x} + k_1 s_1^4 - k_3 s_1 c_3^{14} + k_4 c_2^4 - k_5 s_2 c_3^2. \end{cases} \qquad (2.9)$$

式中，c_1，c_2，c_3 分别表示六价铀离子(U^{6+})、亚铁离子(Fe^{2+})、三价铁离子(Fe^{3+})在溶液中的浓度；s_1，s_2 则分别表示矿石中 FeS_2 和 UO_2 的含量.

注 2.1　关于微生物化学反应方程组(2.7a)~(2.7e)与方程(2.8)相结合的过程，我们以(2.9)的第二个方程为例详细说明如下：

由于浓度 c_2 涉及的反应方程有(2.7c)，(2.7d)和(2.7e)，作为方程(2.8)的源项，由三个部分构成：$k_3 s_1 c_3^{14}$，$k_5 s_2 c_3^2$ 和 $-k_4 c_2^4$. 第一部分来自(2.7c)，由于反应式(2.7e)产生了 Fe^{2+}，故符号为正，其余部分根据相同思路便容易得出.

因此，我们得到一个包含强非线性源项的对流-扩散方程组. 由此推断，关于 FeS_2 和 UO_2 的反应速率在微生物堆浸反应刚开始时非常快，随着溶液与矿石的接触面积越来越小，反应速率将越来越慢，并最终达到一个平衡状态. 为了模拟该反应过程，我们假设 FeS_2 和 UO_2 在反应式(2.7a)~(2.7e)中满足指数衰减条件.

令

$$\begin{aligned} s_1 &= s_1(0) \cdot e^{-(k_1+k_3) \cdot t}, & s_2 &= s_2(0) \cdot e^{-(k_2+k_5) \cdot t}, & r_1 &= k_2, \\ r_2 &= k_2 \cdot s_2^2(0), & r_3 &= k_5, & r_4 &= k_5 \cdot s_2(0), & r_5 &= k_3, \\ r_6 &= k_3 \cdot s_1(0), & r_7 &= k_4, & r_8 &= k_1, & r_9 &= k_1 \cdot s_1^4(0). \end{aligned} \qquad (2.10)$$

则方程(2.9)可改写为

$$
\begin{cases}
\dfrac{\partial c_1}{\partial t} = D\dfrac{\partial^2 c_1}{\partial x^2} - v\dfrac{\partial c_1}{\partial x} + r_2 \cdot e^{-2(r_1+r_3)\cdot t} + r_4 \cdot e^{-(r_1+r_3)\cdot t} \cdot c_3^2, \\[3mm]
\dfrac{\partial c_2}{\partial t} = D\dfrac{\partial^2 c_2}{\partial x^2} - v\dfrac{\partial c_2}{\partial x} + r_6 \cdot e^{-(r_5+r_8)\cdot t} \cdot c_3^{14} + r_4 \cdot e^{-(r_1+r_3)\cdot t} \cdot c_3^2 - r_7 \cdot c_2^4, \\[3mm]
\dfrac{\partial c_3}{\partial t} = D\dfrac{\partial^2 c_3}{\partial x^2} - v\dfrac{\partial c_3}{\partial x} + r_9 \cdot e^{-4(r_5+r_8)\cdot t} - r_4 \cdot e^{-(r_1+r_3)\cdot t} \cdot c_3^2 + r_7 \cdot c_2^4 \\[3mm]
\qquad - r_6 \cdot e^{-(r_5+r_8)\cdot t} \cdot c_3^{14}.
\end{cases}
\tag{2.11}
$$

初边值条件则为

$$
\begin{cases}
c_i(x,\ 0) = 0, \\
c_i(0,\ t) = c_{i0}, \\
c_i(L,\ t) = \phi_i(t).
\end{cases}
\tag{2.12}
$$

于是，我们得出了一维微生物化学反应铀矿堆浸数学模型的偏微分方程组初边值问题 (2.11) 和 (2.12).

2.2.2　求解正问题的数值方法

铀矿堆浸正问题描述为：在给定参数和边界条件的情况下，求解浓度 $c_1(x,\ t)$, $c_2(x,\ t)$, $c_3(x,\ t)$ 以满足耦合偏微分方程组 (2.11) 和 (2.12).

这个小节将采用有限差分法求解正问题. 为了计算方便，我们首先对方程组进行无量纲化处理.

令

$$
C_i = \frac{c_i}{c_{i0}},\quad Z = \frac{x}{L},\quad T = \frac{v \cdot t}{L},\quad P = \frac{v \cdot L}{D},\quad R_j = \frac{r_j \cdot L}{v},
\tag{2.13}
$$

即

$$
c_i = c_{i0} \cdot C_i,\quad x = L \cdot Z,\quad t = \frac{T \cdot L}{v},\quad r_j = \frac{R_j \cdot v}{L},
\tag{2.14}
$$

其中, $i = 1,\ 2,\ 3$; $j = 1,\ 2,\ \cdots,\ 9$.

将式 (2.14) 代入方程组 (2.11) 和 (2.12) 得

$$
\begin{cases}
\dfrac{\partial C_1}{\partial T} = \dfrac{1}{P} \cdot \dfrac{\partial^2 C_1}{\partial Z^2} - \dfrac{\partial C_1}{\partial Z} + \dfrac{R_2}{c_{10}} \cdot e^{-2(R_1+R_3)\cdot T} + \dfrac{R_4 \cdot c_{30}^2}{c_{10}} \cdot e^{-(R_1+R_3)\cdot T} \cdot C_3^2, \\[3mm]
\dfrac{\partial C_2}{\partial T} = \dfrac{1}{P} \cdot \dfrac{\partial^2 C_2}{\partial Z^2} - \dfrac{\partial C_2}{\partial Z} + \dfrac{R_6 \cdot c_{30}^{14}}{c_{20}} \cdot e^{-(R_5+R_8)\cdot T} \cdot C_3^{14} + \dfrac{R_4 \cdot c_{30}^2}{c_{20}} \cdot e^{-(R_1+R_3)\cdot T} \cdot C_3^2 - R_7 \cdot c_{20}^3 \cdot C_2^4, \\[3mm]
\dfrac{\partial C_3}{\partial T} = \dfrac{1}{P} \cdot \dfrac{\partial^2 C_3}{\partial Z^2} - \dfrac{\partial C_3}{\partial Z} - \dfrac{R_9}{c_{30}} \cdot e^{-4(R_5+R_8)\cdot T} - R_4 \cdot c_{30} \cdot e^{-(R_1+R_3)\cdot T} \cdot C_3^2 + \dfrac{R_7 \cdot c_{20}^4}{c_{30}} \cdot C_2^4 \\[3mm]
\qquad - R_6 \cdot c_{30}^{13} \cdot e^{-(R_5+R_8)\cdot T} \cdot C_3^{14}
\end{cases}
$$

$$
\tag{2.15}
$$

和

$$\begin{cases} C_i(Z, 0) = 0, \ i = 1, \ 2, \ 3, \\ C_i(0, \ T) = 1, \\ C_i(1, \ T) = \dfrac{\phi_i(T)}{c_{i0}}. \end{cases} \tag{2.16}$$

当给定参数 D，v，c_{i0}，r_j，T_{tol}，L 时，由有限差分显格式便容易求解正问题（2.15）和（2.16），其中方程（2.15）中的导数采用格式：

$$\begin{cases} \dfrac{\partial C(z_j, \ t_k)}{\partial z} \simeq \dfrac{C(z_{j+1}, \ t_k) - C(z_j, \ t_k)}{\Delta z}, \\[2mm] \dfrac{\partial^2 C(z_j, \ t_k)}{\partial z^2} \simeq \dfrac{C(z_{j+1}, \ t_k) - 2C(z_j, \ t_k) + C(z_{j-1}, \ t_k)}{\Delta z^2}, \\[2mm] \dfrac{\partial C(z_j, \ t_k)}{\partial t} \simeq \dfrac{C(z_j, \ t_{k+1}) - C(z_j, \ t_k)}{\Delta t}. \end{cases} \tag{2.17}$$

根据 Taylor 展开公式可知，差分格式（2.17）具有一阶计算精度，但是从稍后给出的数值算例可知，该数值格式对于求解正问题（2.15）和（2.16）是稳定且有效的.

2.3　反问题及其数值求解

该反问题考虑的是根据测量数据反演未知参数 R_j. 为了获得 R_j 的近似解，我们将反问题转化为非线性最优化问题，然后采用最佳摄动量方法求解.

首先，引进符号：$\boldsymbol{R} = (R_1, \ R_2, \ \cdots, \ R_9)$，$\boldsymbol{C} = (C_1, \ C_2, \ C_3)$，其中 $C_i(Z, T; R)$ 为正问题（2.15）、（2.16）的解，$\hat{C}_i(h, T) = \varphi(T)$ 表示位置 h 处的测量值，则反求参数 $\boldsymbol{R}$ 的反问题转化为求解如下非线性泛函的极小化问题：

$$J(\boldsymbol{R}) = \| C(h, \ T; \ \boldsymbol{R}) - \varphi(T) \|^2 + \alpha \cdot \Omega(\boldsymbol{R}), \tag{2.18}$$

式中，$0 < \alpha < 1$ 为正则化参数，$\Omega(\boldsymbol{R}) = \boldsymbol{R}^{\mathrm{T}} \boldsymbol{R}$ 为具备 2 范的稳定化泛函.

为了求解非线性泛函（2.18）的极小值，我们引入适合求解此类问题的最佳摄动量算法[66]，则求解最优参数 $\boldsymbol{R}$ 的问题（2.18）转化为给定参数 $\boldsymbol{R}_n$ 时求解摄动量 $\boldsymbol{\delta R}_n$.

对于已给定参数 $\boldsymbol{R}_n$，最佳摄动量算法将求解摄动量 $\boldsymbol{\delta R}_n$，问题进一步转化为求解如下极小化泛函：

$$f(\boldsymbol{\delta R}_n) = \| C(h, \ T; \ \boldsymbol{R}_n + \boldsymbol{\delta R}_n) - \varphi(T) \|^2 + \alpha \cdot \Omega(\boldsymbol{\delta R}_n). \tag{2.19}$$

式中，D，v，c_{i0}，r_j，T_{tol}，L 是泛函（2.19）的极小值，利用迭代算法便可计算出 $\boldsymbol{R}_{n+1}$，$n = 0, \ 1, \ 2, \ \cdots$

$$\boldsymbol{R}_{n+1} = \boldsymbol{R}_n + \boldsymbol{\delta R}_n. \tag{2.20}$$

利用 Taylor 展开，得

$$C(h, \ T; \ \boldsymbol{R}_n + \boldsymbol{\delta R}_n) = C(h, \ T; \ \boldsymbol{R}_n) + \nabla^{\mathrm{T}} C(h, \ T; \ \boldsymbol{R}_n) \cdot \boldsymbol{\delta R}_n + o(\boldsymbol{\delta R}_n). \tag{2.21}$$

其中 $\boldsymbol{\nabla}^{\mathrm{T}} = \left(\dfrac{\partial}{\partial R_1}, \dfrac{\partial}{\partial R_2}, \cdots, \dfrac{\partial}{\partial R_9} \right)$. 忽略高阶无穷小项后有:

$$f(\boldsymbol{\delta R}_n) = \| C(h, T; \boldsymbol{R}_n) - \varphi(T) + \boldsymbol{\nabla}^{\mathrm{T}} C(h, T; \boldsymbol{R}_n) \cdot \boldsymbol{\delta R}_n \|^2 + \alpha \cdot \Omega(\boldsymbol{\delta R}_n). \quad (2.22)$$

离散 T: $0 < T_1 < T_2 < \cdots < T_M$ 有

$$\begin{aligned} f(\boldsymbol{\delta R}_n) = \sum_{m=1}^{M} \; & (C(h, T_m; \boldsymbol{R}_n) - \varphi(T_m) + \boldsymbol{\nabla}^{\mathrm{T}} C(h, T_m; \boldsymbol{R}_n) \cdot \boldsymbol{\delta R}_n)^2 \\ & + \alpha \cdot (\boldsymbol{\delta R}_n)^{\mathrm{T}} (\boldsymbol{\delta R}_n). \end{aligned} \quad (2.23)$$

即

$$\begin{aligned} f(\boldsymbol{\delta R}_n) = (\boldsymbol{\delta R}_n)^{\mathrm{T}} \boldsymbol{B}^{\mathrm{T}} \boldsymbol{B} (\boldsymbol{\delta R}_n) & + 2 (\boldsymbol{\delta R}_n)^{\mathrm{T}} \boldsymbol{B}^{\mathrm{T}} (\boldsymbol{G} - \hat{\boldsymbol{G}}) \\ & + (\boldsymbol{G} - \hat{\boldsymbol{G}})^{\mathrm{T}} (\boldsymbol{G} - \hat{\boldsymbol{G}}) + \alpha \cdot (\boldsymbol{\delta R}_n)^{\mathrm{T}} (\boldsymbol{\delta R}_n). \end{aligned} \quad (2.24)$$

其中

$$\boldsymbol{G} = (C(h, T_1; \boldsymbol{R}_n), C(h, T_2; \boldsymbol{R}_n), \cdots, C(h, T_M; \boldsymbol{R}_n))^{\mathrm{T}}, \quad (2.25)$$

$$\hat{\boldsymbol{G}} = (\varphi(T_1), \varphi(T_2), \cdots, \varphi(T_M))^{\mathrm{T}}, \quad (2.26)$$

$$\boldsymbol{B} = (b_{m,i})_{M \times 7}, \quad b_{m,i} = \frac{C(h, T_m; \boldsymbol{R}_n + \tau_i) - C(h, T_m; \boldsymbol{R}_n)}{\tau_i}. \quad (2.27)$$

通常 $\boldsymbol{\tau} = (\tau_1, \tau_2, \cdots, \tau_9)$ 称为数值微分步长向量.

由最小二乘法知, 求解泛函(2.24)极值问题等价于求解正规方程, 由此得出

$$(\alpha I - \boldsymbol{B}^{\mathrm{T}} \boldsymbol{B}) \cdot (\boldsymbol{\delta R}_n) = \boldsymbol{B}^{\mathrm{T}} \cdot (\boldsymbol{G} - \hat{\boldsymbol{G}}), \quad (2.28)$$

即

$$(\boldsymbol{\delta R}_n) = (\alpha I - \boldsymbol{B}^{\mathrm{T}} \boldsymbol{B})^{-1} \cdot \boldsymbol{B}^{\mathrm{T}} \cdot (\boldsymbol{G} - \hat{\boldsymbol{G}}). \quad (2.29)$$

因此, 由测量数据 $\hat{C}(h, T) = \varphi(T)$ 确定未知参数 $\boldsymbol{R}$ 的算法可以归结为如下算法步骤.

算法 2.1 确定未知参数 R_j 的最佳摄动量算法步骤。

给定初始猜测 $\boldsymbol{R}_n$ 和数值微分步长向量 $\boldsymbol{\tau}$;

步骤 1 ε_k 表示误差函数 $\varepsilon_j = \| C_j(h, T; \boldsymbol{R}_n) - \varphi_j(T) \|$ 的最大值, 根据公式 (2.25)~(2.27)计算矩阵 $\boldsymbol{G}$, $\hat{\boldsymbol{G}}$, $\boldsymbol{B}$.

步骤 2 由公式(2.29)和(2.20)计算出 $\boldsymbol{\delta R}_n$ 和 $\boldsymbol{R}_{n+1}$.

步骤 3 事先给定精度 ϵ, 重复步骤 1 和步骤 2 直到满足条件 $\| \boldsymbol{\delta R}_n \| \leqslant \epsilon$, 则 $\boldsymbol{R}_n$ 为所求的最优化参数.

2.4　数值算例

为了得到右端测量数据 $\phi_i(t)$, 我们需要选择合适的数学模型来描述微生物堆浸化学反应过程的边界条件.

根据反应方程组(2.7a)~(2.7e), 容易得出总反应方程

$$5FeS_2 + 17O_2 + 6H_2O + 3UO_2 + 8Fe^{3+} \xrightarrow{\text{Microbial}} 13Fe^{2+} + 3UO_2^{2+} + 10SO_4^{2-} + 12H^+.$$
$$(2.30)$$

随着时间的推移, Fe^{3+} 浓度逐渐下降, U^{6+} 和 Fe^{2+} 浓度将不断升高, 因此我们选取 Logistic 模型来刻画这一过程.

令

$$\phi_i(t) = \frac{K_i}{1 + \left(\frac{K_i}{K_{i0}} - 1\right) \cdot e^{-q_i \cdot t}}, \qquad (2.31)$$

其中, K_i, K_{i0} 分别表示最大浓度和初始浓度, 由反应方程组(2.7a)~(2.7e)可得

$$q_1 = k_2 + k_5, \quad q_2 = k_3 - k_4 + k_5, \quad q_3 = k_1 - k_3 + k_4 - k_5. \qquad (2.32)$$

则边界条件 $\phi_i(T)$ 可表示为如下的一维形式:

$$\phi_1(T) = \frac{K_1}{1 + \left(\frac{K_1}{K_{10}} - 1\right) \cdot e^{-(R_1+R_3) \cdot T}}, \qquad (2.33)$$

$$\phi_2(T) = \frac{K_2}{1 + \left(\frac{K_2}{K_{20}} - 1\right) \cdot e^{-(R_3+R_5-R_7) \cdot T}}, \qquad (2.34)$$

$$\phi_3(T) = \frac{K_3}{1 + \left(\frac{K_3}{K_{30}} - 1\right) \cdot e^{-(R_8-R_3-R_5+R_7) \cdot T}}. \qquad (2.35)$$

2.4.1　求解正问题的数值模拟

考虑 Dirichlet 边界条件 $c_i(x, 0) = 0$, $c_i(0, t) = c_{i0}$, $c_i(L, t) = \phi_i(t)$, $\forall i = 1, 2, 3$. 根据有限差分格式(2.17)有 $R = (1.243, 1.07, 2.125, 1.08, 5.205, 1.03, 8.125, 1.0909, 1.05)$, $\tau = (0.02, 0.02, 0.02, 0.02, 0.02, 0.02, 0.02, 0.02, 0.02)$, $eps = 1 \times 10^{-4}$, $c_{10} = 338.28$mg/L, $c_{20} = 1062.9$mg/L, $c_{30} = 104.42$mg/L, $L = 0.45$m, $h = 1$, $v = 5.1 \times 10^{-5}$m/s(即 0.1836m/h), $D = 1 \times 10^{-9}$m^2/s, $T_{tol} = 3456000$s(即 40 天), $K_1 = 338.28$mg/L, $K_2 = 1062.9$mg/L, $K_3 = 104.42$mg/L, $K_{10} = 0.5$mg/L, $K_{20} = 0.1$mg/L, $K_{30} = 3$mg/L. 剖分时间区间[0. T]和空间区间[0.1]均为 85 段, 则由求解正问题的有限差分格式(2.17)得到的数值解如图 2.2~图 2.4 所示, 刻画了相应离子浓度随反应时间的变化情况.

图 2.2 表明, Fe^{2+} 的浓度在反应时间达到 4 天便开始升高, 反应 15 天后到达稳定状

态；图 2.3 则可以看出 Fe^{3+} 在反应 24 天后几乎消耗殆尽；图 2.4 表明，U_{6+} 的浓度 3 天后开始升高，约 17 天后达到稳定状态.

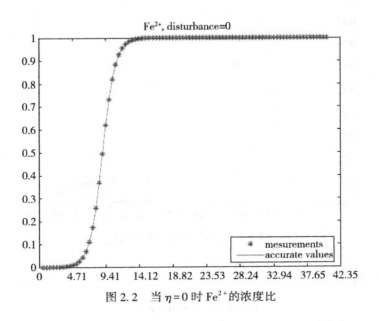

图 2.2　当 $\eta=0$ 时 Fe^{2+} 的浓度比

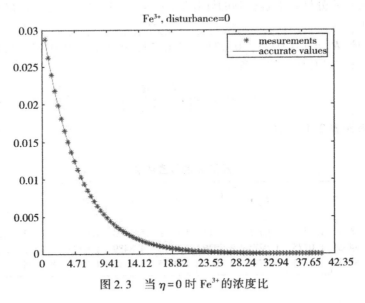

图 2.3　当 $\eta=0$ 时 Fe^{3+} 的浓度比

2.4.2　反问题的数值模拟

该参数反演问题为根据测量数据 $C(h,T)=(C_1(h,T),C_2(h,T),C_3(h,T))$ 反演参数 R_j, $j=1,\cdots,9$. 考虑到实际测量数据具有误差，我们在计算数据上添加随机扰动

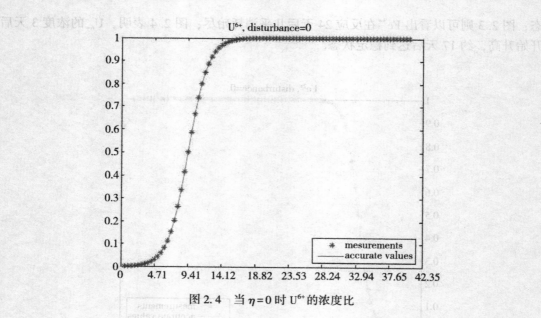

图 2.4　当 $\eta = 0$ 时 U^{6+} 的浓度比

作为测量数据, 即

$$\hat{\boldsymbol{C}} = \boldsymbol{C} \cdot (1 + \eta \cdot \xi), \qquad (2.36)$$

式中, $\boldsymbol{C}$ 为正问题差分格式求解得到的计算值; $\xi \in (-1, 1)$ 为均匀分布的随机数; η 表示相对误差水平.

取迭代初值 $\boldsymbol{R}_0 = (0.0775, 0.0775, 0.0775, 0.0775, 0.0775, 0.0775, 0.0775, 0.0775, 0.0775)$, 以及如下停止条件:

$$\theta = \text{average}\left(\frac{|\boldsymbol{R} - \boldsymbol{R}_0|}{\boldsymbol{R}}\right). \qquad (2.37)$$

得出的反演结果如表 2.1 所示.

表 2.1　反演 $\boldsymbol{R}$ 的数值结果

误差 η	α	$\theta(\%)$	R_1	R_2	R_3	R_4	R_5	R_6	R_7	R_8	R_9
0	0.005	5.8677	1.0775	1.0775	2.5811	1.0775	5.0403	1.0775	7.9523	1.041	1.0775
0.01	0.0098	7.7455	1.0775	1.0775	2.7226	1.0775	4.8489	1.0775	8.1532	1.2319	1.0775
0.05	0.0141	7.8993	1.0775	1.0775	2.7065	1.0775	4.8312	1.0775	8.1705	1.2492	1.0775

由上述反演结果可以看出, 最佳摄动量方法在微生物催化铀矿堆浸反演参数 R 实验中是非常有效的.

注 2.2　从上述建模过程可知, 参数 R_j 表示化学分解率 k_j 的速率, 通常每次微生物催化的铀矿堆浸实验需要耗费几个月甚至更长的宝贵时间. 因此, 如果计算机数值模拟能够帮助提高铀矿堆浸反应速率、缩短浸出时间，对铀矿堆浸工业将有巨大的促进作用.

2.5　小　　结

本章主要探讨了工程中微生物铀矿堆浸的数学模型以及确定浸出参数的反演问题与数值模拟. 首先，结合溶质运移的对流-扩散方程与微生物化学反应，建立了微生物催化的铀矿堆浸数学模型；然后，根据最佳摄动量算法和 Tikhonov 正则化方法，考虑了确定浸出参数的反演问题并给出了数值算例，数值算例表面反求浸出参数的微生物催化铀矿堆浸算法是有效的. 更详细的有关内容请参考文献[67-68].

第3章 孔隙-裂隙双重介质中核素扩散迁移反演问题

本章研究反问题在孔隙与单裂隙双重介质中核素迁移方面的应用. 该核素迁移模型是一个耦合的抛物型方程组定解问题. 若已知排污点的核素浓度变化规律, 利用 Laplace 变换及其逆变换方法, 求得核素迁移模型正问题的解析解. 反之, 由下游裂隙中某个点的实测核素浓度, 利用偏微分方程的叠加原理和反问题的拟解法, 反求出核素迁移模型反问题的解, 即排污点的核素状态. 最后, 给出核素迁移模型的正问题和反问题的数值模拟. 数值结果表明, 正问题的解析解能够刻画核素的迁移规律, 也显示出所提反问题方法能有效地反演核素污染源.

3.1 核素迁移问题简介

核废物的最终安全处置目标是将放射性核废物与人类生存环境隔离, 使人类免于放射性危害. 目前, 世界各国公认较为安全的处置方法是深地质处置, 即将放射性废物封装在建造于深部地层里的废物处置库中, 通过人工和天然的多层屏障隔离放射性废物. 但是, 随着时间的流逝, 这些废物处置装置将逐渐破损, 废物中的各种放射性核素将随着地下水流或多或少地迁移到生物圈中, 人们希望地质介质作为阻止放射性核素向生物圈迁移的屏障, 使放射性核素的浓度减弱到无害的程度. 由于受核素处置库区域稳定性和公众对核问题敏感性的影响, 对核素迁移状况进行准确可靠的安全性评价, 显得尤为重要, 针对放射性核素的迁移行为和规律的研究也成为放射性废物安全处置的一个关键的问题.

核素在孔隙-裂隙中随地下水迁移问题通常被概括成单一介质迁移模型和双重介质迁移模型, 关于这两类模型正问题的研究, 国内外许多学者都得出了有意义的结论和在一定条件下的解析解[69-73]. 在我国, 杨天行等[74]较早地对核素在裂隙介质中迁移模型进行了研究, 提出用有限元与算子分裂迎风均衡格式相结合求解放射性核素迁移方程. 最近, 梁冰等[73]利用 Galerkin 有限元法对一类耦合的核素迁移模型进行了求解. 国际上, 早在1956 年, J. Crank[75]首先给出了污染源为瞬间点源的一维迁移模型解析解; 1969 年, L. Baetslé[76]将 J. Crank 模型推广成三维的扩散模型, 而 Baetslé 模型的解析解分别被 Hunt[77]和 Ahsanuzzaman[78]用不同的数学方法推导出来; 1982 年, M. T. van Genuchten 和 W. J. Alves[79]给出了一系列一维对流扩散迁移方程的解析解; 1978 年, R. W. Cleary 和 M. J. Ungs 及 1992 年 E. J. Wexler[80]分别推导出一维渗流二维扩散平面迁移模型的解析解, 但所得解析解需要用数值逼近方法求出, 虽然精度随着求积点数增加而提高, 但需花费很长的计算时间. 另外，选取较大求积点数、较大的 Peclet 数也会造成计算结果震荡和难以收敛等缺陷. P. A. Domenico[81]、G. A. Robbins[82]，Wiedemeier 等[83]也先后在几个假设条件下推导了模型解析解，但因数值逼近的特性，使得解在接近污染源处短时间内不适用[70].

注 3.1 本章探讨了核素在单裂隙双重介质(孔隙-裂隙双重介质)中的迁移模型(正问题)，采用的边界条件为指数递减形式在排污点注入核素，利用 Laplace 变换及其逆变换方法求得模型的解析解，再由数值积分等方法计算解析解，从而得到下游裂隙中核素的浓度状态，这与梁冰等[73]的方法是完全不同的. 另外，基于正问题的研究结果，笔者进一步研究了核素迁移模型的反问题，即根据下游裂隙中核素浓度的测量数据反求排污点核素状态.

3.2　核素迁移的耦合模型

众所周知，一般地下水是呈低速($Re<1$)的黏性流体状态流动的，也就是通过多孔介质水的渗透流动的. 由于迁移过程是不稳定的扩散过程，与核废物处置库尺寸相比，核素迁移路径的长度往往足够小. 我们分析核素在一维单裂隙域和与裂隙垂直的孔隙域中迁移的动态模型. 假定核素在裂隙域中的行为有对流、弥散、衰减和吸附作用；裂隙宽度远小于岩块孔隙厚度，裂隙域地下水流为稳态的均匀一维渗流，孔隙域中水流静止；在含水层中的吸附符合等温线性吸附；核素衰减符合一阶衰减动力学方程；裂隙源头排污点以指数递减形式注入核素. 那么，描述核素在平面单裂隙多孔介质中迁移过程耦合模型的基本微分方程[69,84]为：

(1)裂隙域迁移平衡方程($\forall z>0$, $t>0$)：

$$\begin{cases} R_1 \dfrac{\partial C_1(z,\,t)}{\partial t} = D_1 \dfrac{\partial^2 C_1}{\partial z^2} - u \dfrac{\partial C_1}{\partial z} - \lambda R_1 C_1 - \Gamma, \\ C_1(z,\,0)=0,\ C_1(0,\,t)=C_0 e^{-\lambda t},\ C_1(+\infty,\,t)=0, \end{cases} \tag{3.1}$$

(2)孔隙域迁移平衡方程($\forall x>b$, $z>0$, $t>0$)：

$$\begin{cases} R_2 \dfrac{\partial C_2(x,\,z,\,t)}{\partial t} = D_2 \dfrac{\partial^2 C_2}{\partial x^2} - \lambda R_2 C_2, \\ C_2(x,\,z,\,0)=0,\ C_2(b,\,z,\,t)=C_1(z,\,t),\ C_2(+\infty,\,z,\,t)=0. \end{cases} \tag{3.2}$$

式中，C_1、C_2 分别为裂隙域和孔隙域中核素的浓度；D_1 为裂隙介质水动力弥散系数，D_2 为孔隙介质水动力弥散系数；u 为平均裂隙渗流速度；λ 为核素衰变系数；b 为裂隙半宽；Γ 为孔隙介质与裂隙域的溶质交换量，依据费克定律有 $\Gamma = -\dfrac{D_2}{b}\dfrac{\partial C_2}{\partial x}\Big|_{x=b}$；$R_1$、$R_2$ 分别为裂隙域的阻滞因子和孔隙域的容量因子，满足关系式 $R_1 = 1 + \dfrac{K_f}{b}$，$R_2 = \varphi + \rho_b K_m$，这里 K_f

为吸附分布系数, φ 为孔隙的有效孔隙度, ρ_b 为孔隙密度, K_m 为孔隙域中溶质平均分配系数. 该模型对均质各向同性介质适用, 模型示意图如图 3.1 所示.

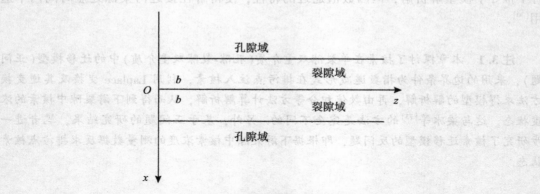

图 3.1　单裂隙核素迁移示意图

3.3　正问题的求解

3.3.1　模型推导

我们所考虑的正问题为: 已知裂隙源头排污点的核素浓度变化状态, 即已知方程组 (3.1) 中的边界条件 $C_1(0, t) = C_0 e^{-\lambda t}$, 由式 (3.1) 和式 (3.2) 求出核素在裂隙和孔隙中的变化规律. 为得到正问题的解析解, 引进如下符号:

$$\begin{cases} \widetilde{C}_1(z, p) = \mathscr{L}[C_1(z, t)](p) = \int_0^{+\infty} C_1(z, t) e^{-pt} dt, \\ \widetilde{C}_2(x, p) = \mathscr{L}[C_2(x, t)](p) = \int_0^{+\infty} C_2(x, t) e^{-pt} dt. \end{cases} \tag{3.3}$$

对式 (3.2) 的孔隙域迁移方程作 Laplace 变换, 得

$$p\widetilde{C}_2 - \frac{D_2}{R_2}\frac{\partial^2 \widetilde{C}_2}{\partial x^2} + \lambda \widetilde{C}_2 = 0, \tag{3.4}$$

$$\widetilde{C}_2(x, p) = A_1 e^{-\sqrt{\frac{R_2(\lambda+p)}{D_2}}x} + A_2 e^{\sqrt{\frac{R_2(\lambda+p)}{D_2}}x}, \tag{3.5}$$

由式 (3.2) 的初边值条件 $\lim\limits_{x\to\infty} C_2(x, z, t) = 0$, $\widetilde{C}_2(b, z, t) = \widetilde{C}_1(z, t)$, 得

$$\widetilde{C}_2(x, p) = \widetilde{C}_1 e^{-\sqrt{\frac{R_2(\lambda+p)}{D_1}}(x-b)}, \tag{3.6}$$

整理得

$$\left.\frac{\partial \widetilde{C}_2}{\partial x}\right|_{x=b} = -\widetilde{C}_1 \sqrt{\frac{\lambda+p}{D_2}R_2}. \tag{3.7}$$

由裂隙域迁移方程(3.1)作 Laplace 变换，得

$$R_1 p \widetilde{C}_1 = D_1 \frac{\partial^2 \widetilde{C}_1}{\partial z^2} - u \frac{\partial \widetilde{C}_1}{\partial z} - \lambda \widetilde{C}_1 R_1 + \frac{D_2 \partial \widetilde{C}_2}{b \partial x} \bigg|_{x=b}, \tag{3.8}$$

即

$$D_1 \frac{\partial^2 \widetilde{C}_1}{\partial z^2} - u \frac{\partial \widetilde{C}_1}{\partial z} - \left(\lambda R_1 + p R_1 + \frac{\sqrt{D_2 R_2}}{b}\sqrt{\lambda + p}\right) \widetilde{C}_1 = 0, \tag{3.9}$$

求解得

$$\widetilde{C}_1(z, p) = \frac{C_0}{\lambda + p} e^{\frac{uz}{2D_1}}\left(1 - \sqrt{1 + \frac{4R_1 D_1}{u^2}\left(\frac{\sqrt{(\lambda+p)R_2 D_2}}{bR_1} + \lambda + p\right)}\right). \tag{3.10}$$

令

$$x = \frac{uz}{2D_1}\sqrt{1 + \frac{4R_1 D_1}{u^2}\left(\frac{\sqrt{(\lambda+p)R_2 D_2}}{bR_1} + \lambda + p\right)},$$

将恒等变形

$$\int_0^{+\infty} e^{-\xi^2 - \frac{x^2}{4\xi^2}}d\xi = \frac{\sqrt{\pi}}{2}e^{-x}$$

代入(3.10)，得

$$\widetilde{C}_1(z, p) = \frac{2C_0}{(\lambda + p)\sqrt{\pi}} e^{\frac{uz}{2D_1}} \int_0^{+\infty} e^{-\xi^2 - \left(\frac{uz}{4\xi D_1}\right)^2 - w\lambda} e^{-a\sqrt{\lambda+p} - wp}d\xi, \tag{3.11}$$

式中，

$$w = \frac{R_1 z^2}{4D_1 \xi^2}, \quad a = \frac{\sqrt{D_2 R_2} z^2}{4bD_1 \xi^2}. \tag{3.12}$$

由 Laplace 变换的性质

$$\begin{cases} \mathcal{L}[f(t)](ap + b) = \mathcal{L}\left[\frac{1}{a}f\left(\frac{t}{a}\right)e^{-\frac{b}{a}t}\right](p), \\ \mathcal{L}[f(t-w)](p) = e^{-wp}\mathcal{L}[f(t)](p), \\ \mathcal{L}^{-1}\left[\frac{1}{\lambda+p}e^{-a\sqrt{\lambda+p}}\right](t) = e^{-\lambda t}\mathrm{erfc}\left(\frac{a}{2\sqrt{t}}\right), \\ \mathcal{L}^{-1}[e^{-wp}](t) = \delta(t-w), \quad t > w, \end{cases} \tag{3.13}$$

得出

$$C_1(z, t) = \frac{2C_0}{\sqrt{\pi}} e^{\frac{uz}{2D_1}} \int_0^{+\infty} e^{-\xi^2 - \left(\frac{uz}{4\xi D_1}\right)^2 - w\lambda}\left(\int_0^{t-w} e^{-\lambda \tau}\mathrm{erfc}\left(\frac{a}{2\sqrt{\tau}}\right)\delta(t-\tau-w)d\tau\right)d\xi, \tag{3.14}$$

其中，$\mathrm{erfc}(x) = 1 - \mathrm{erf}(x) = \frac{2}{\sqrt{\pi}}\int_x^{+\infty} e^{-t^2}dt$ 为余误差函数.

由 Dirac 函数的性质

$$\delta(t) = \delta(-t), \quad \int_{-\infty}^{+\infty} \delta(t - t_0) f(t) \mathrm{d}t = f(t_0), \tag{3.15}$$

得到裂隙域浓度为

$$C_1(z, t) = \frac{2C_0}{\sqrt{\pi}} \mathrm{e}^{-\lambda t} \int_0^{+\infty} \mathrm{e}^{-\left(\xi - \frac{uz}{4\xi D_1}\right)^2} \mathrm{erfc}\left(\frac{a}{2\sqrt{t-w}}\right) \mathrm{d}\xi, \tag{3.16}$$

进而得出孔隙域浓度为

$$C_2(x, t) = \frac{2C_0}{\sqrt{\pi}} \mathrm{e}^{-\lambda t} \int_0^{+\infty} \mathrm{e}^{-\left(\xi - \frac{uz}{4\xi D_1}\right)^2} \mathrm{erfc}\left(\frac{a + (x-b)\sqrt{\dfrac{R_2}{D_2}}}{2\sqrt{t-w}}\right) \mathrm{d}\xi, \tag{3.17}$$

式(3.16)和(3.17)分别为所求正问题式(3.1)和(3.2)的解析解.

3.3.2　正问题算例

给定计算参数[85]：核素衰变系数 $\lambda = 1.54 \times 10^{-5}\mathrm{d}^{-1}$，平均裂隙渗流速度 $u = 0.351\mathrm{m/d}$，裂隙域的阻滞因子和孔隙域的容量因子分别为 $R_1 = 1.0$，$R_2 = 0.15$，裂隙介质水动力弥散系数 $D_1 = 0.5\mathrm{m}^2/\mathrm{d}$，孔隙介质水动力弥散系数 $D_2 = 1.38 \times 10^{-5}\mathrm{m}^2/\mathrm{d}$，裂隙半宽 $b = 2.945 \times 10^{-4}\mathrm{m}$，利用式(3.16)和式(3.17)对核素在单裂隙双重介质中的迁移进行数值模拟，结果如图3.2所示.

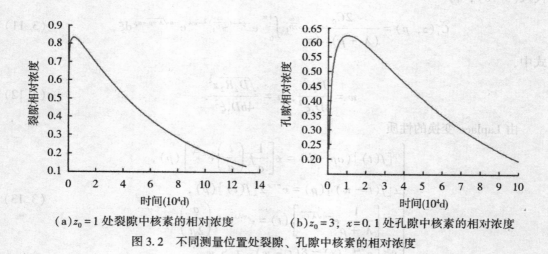

（a）$z_0 = 1$ 处裂隙中核素的相对浓度　　　（b）$z_0 = 3$，$x = 0.1$ 处孔隙中核素的相对浓度

图3.2　不同测量位置处裂隙、孔隙中核素的相对浓度

图3.2(a)为裂隙所含核素浓度与排污点核素浓度比(简称裂隙相对浓度)随时间的变化关系图；图3.2(b)为孔隙所含核素浓度与排污点核素浓度比(简称孔隙相对浓度)随时间的变化关系图.

从图3.2的两个图形可以看出，受核素污染后的裂隙域与孔隙域仅仅依靠自身的能力净化核素将需要非常长的时间，若不采取积极的应对措施，对人类的危害将不容忽视.

3.4 反问题的描述及求解

3.4.1 反问题的描述

耦合模型中核素污染源的反演问题，是在排污点所排的核素浓度变化未知的情况下，即边界条件 $C_1(z, t)\big|_{z=0} = C_0 \mathrm{e}^{-\lambda t}$ 未知，通过附加某测量位置测得裂隙域中的核素浓度，来反求排污点所排的核素浓度问题. 众所周知，对于这类反问题的求解往往是不稳定的[86-87]，即当测量数据有较小误差时，将导致解的急剧变化. 针对此类不适定问题，我们采用拟解法[86-88]进行求解.

记 $f(t) = C_1(z, t)\big|_{z=0}$，$C_1(z, t; f)$ 为对应于 $f(t)$ 裂隙中的核素浓度函数. 设测量位置 z_0 处测量的核素浓度为 $h(t)$，即 $h(t) = C_1(z_0, t; f)$.

引进泛函

$$\mathcal{J}(f) = \frac{1}{2} \int_I \left[C_1(z_0, t; f) - h(t) \right]^2 \mathrm{d}t, \tag{3.18}$$

则反问题可归结为：求排污点的核素浓度 $f(t)$ 使得泛函(3.18)达到极小.

利用拟解法求解上述泛函极小问题. 为此，设 $\xi_k(t)$，$k = 1, 2, \cdots, M$，为区间 I 上 M 维空间 P_M 的基函数，令 $\tilde{f}(t) = \sum_{k=1}^{M} \omega_k \xi_k(t)$，

$$\Phi = \left\{ f(t) = \sum_{k=1}^{M} \omega_k \xi_k(t) \;\middle|\; \max_{t \in [0, T]} |f(t)| \le M_0, \; M_0 > 0 \right\}, \tag{3.19}$$

则反问题的求解转化为求 $\tilde{f}_0(t) \in \Phi$，使得 $\mathcal{J}(\tilde{f}_0) = \inf_{\tilde{f} \in \Phi} \mathcal{J}(\tilde{f})$.

记 $C_1[\xi_k] = C_1(z, t; \xi_k)$ 为正问题(3.1)在边值条件 $C_1(0, t) = \xi_k(t)$ 下的解，根据线性偏微分方程的叠加原理有：

$$C_1[\tilde{f}] = C_1(z, t; \tilde{f}) = \sum_{k=1}^{M} \omega_k C_1[\xi_k]. \tag{3.20}$$

因此，极小化泛函(3.18)转化成如下极小化问题的求解：

$$\mathcal{J}(\boldsymbol{\omega}) = \mathcal{J}(\tilde{f}) = \frac{1}{2} \int_I \left[\sum_{k=1}^{M} \omega_k C_1[\xi_k]\big|_{z=z_0} - h(t) \right]^2 \mathrm{d}t. \tag{3.21}$$

由泛函极小化问题必要条件 $\dfrac{\partial \mathcal{J}}{\partial \omega_k} = 0$，$k = 1, 2, \cdots, M$，可知未知参数 ω_k 满足线性代数方程：

$$\boldsymbol{A\omega} = \boldsymbol{b} \tag{3.22}$$

式中，$\boldsymbol{A} = (a_{kj})_{M \times M}$，$\boldsymbol{\omega} = (\omega_1, \omega_2, \cdots, \omega_M)^{\mathrm{T}}$，$\boldsymbol{b} = (b_1, b_2, \cdots, b_M)^{\mathrm{T}}$，且

$$a_{kj} = \int_I \left(C_1[\xi_k]\big|_{z=z_0} C_1[\xi_j]\big|_{z=z_0} \right) \mathrm{d}t, \quad b_k = \int_I \left(h(t) C_1[\xi_k]\big|_{z=z_0} \right) \mathrm{d}t. \tag{3.23}$$

综上所述，运用拟解法求解该核素放射源的反演问题的算法如下.

算法 3.1 排污点核素浓度的反演算法步骤.

步骤 1 求解在给定边值条件 $C_1(0, t) = \xi_k(t)$，$k = 1$，2，$\cdots$，M 下的正问题(3.1).

步骤 2 利用式(3.22)计算矩阵 $\boldsymbol{A}$ 和向量 $\boldsymbol{b}$.

步骤 3 求解线性方程组(3.21).

步骤 4 计算 $\tilde{f}(t) = \sum_{k=1}^{M} \omega_k \xi_k(t)$，即为排污点核素浓度的近似值.

3.4.2 反问题算例

在实际问题中，由于测量数据往往带有测量随机误差，因此，我们按 $h(t) = (1 + \varepsilon R) C_1(z_0, t)$ 获得测量数据，其中 $C_1(z_0, t)$ 为正问题式(3.1)的精确解，ε 为随机相对误差水平，$R \in [-1, 1]$ 为服从均匀分布的随机数. 取测量点 $z_0 = 1$，核素衰变系数 $\lambda = 1.54 \times 10^{-5} \mathrm{d}^{-1}$，计算时间区域为 $I = [12000, 130000]$，数值单位为 d，基函数组为 $\xi_k(t) = \mathrm{e}^{-\mu_k t}$，$k = 1$，$2$，$\cdots$，$5$，$\boldsymbol{\mu} = (\mu_1, \mu_2, \cdots, \mu_5) = (1.38 \times 10^{-6}, 4.21 \times 10^{-4}, 9.24 \times 10^{-8}, 6.34 \times 10^{-7}, 3.22 \times 10^{-5})$ 为排污点包含成分中可能的核素衰变系数，$u = 0.351 \mathrm{m/d}$，$R_1 = 1.0$，$R_2 = 0.15$，$D_1 = 0.5 \mathrm{m^2/d}$，$D_2 = 1.38 \times 10^{-5}\ \mathrm{m^2/d}$，$b = 2.945 \times 10^{-4} \mathrm{m}$，计算结果见图 3.3，其中图 3.3(a)为随机相对误差水平为 5% 时的反演结果，图 3.3(b)为随机相对误差水平为 10% 时的反演结果.

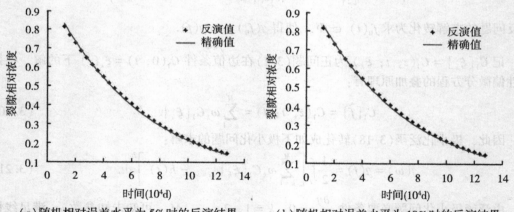

（a）随机相对误差水平为 5% 时的反演结果　　　（b）随机相对误差水平为 10% 时的反演结果

图 3.3　裂隙中核素相对浓度的反演值和真实值的对比图

从图 3.3 可以看出，数值算法对于单裂隙核素迁移的耦合模型反演核素放射源是有效的. 更详细内容以及二维情况请参考文献[89-91].

第4章 扩散燃烧问题中双自由界面燃烧模型

燃烧，作为当今世界的主要能量来源，是一个耦合了流动、传热、传质和化学反应等多种物理和化学过程的复杂体系.

被誉为"航空航天时代的科学奇才"的航天工程学家冯·卡门（Von Karman）称燃烧过程涉及"气—热—化学"，就像将每一种能想象到的物质输运、化学和热力学过程扔进大熔炉. 这说明燃烧问题所涉及的知识领域异常宽广.

尽管19世纪中期到20世纪初期，法拉第等科学家开展了一系列意义重大的研究，但直到20世纪中期，苏联物理学家 Zeldovich、Frank-Kamenetskii[92] 利用基于高活化能的渐进展开法，推导出关于火焰传播的复杂物理系统的简易表达式，才为研究燃烧理论奠定了基础，揭示了燃烧过程中的一些基本、简单的数学模型. 后来计算机的使用，使得人们能够利用更复杂的形式研究燃烧问题，不断推动燃烧理论向前发展[1,93].

著名的法国数学家 Jacques-Louis Lions 在他的开创性著作[94]中，详细研究了渐进分析法理论，使得燃烧理论得到重大飞跃. 随着近几十年来科学的迅速发展，人们意识到燃烧是化学反应动力学、气体流动、传热、传质等物理因素的综合作用，并逐步从反应动力学、传热、传质相互作用的观点建立了着火、火焰传播、湍流燃烧的模型，形成现在的"燃烧学与计算燃烧学"[95-98].

4.1 自由边界问题的典型例子

针对一维拟线性抛物型边值问题：

$$\begin{cases} u_t = \mathcal{L}u + f(u,\, u_x),\ t > 0, \\ u(0,\, x) = u_0(x),\ x \in \mathbb{R}, \end{cases} \tag{4.1}$$

其中，$\mathcal{L}$ 为椭圆型算子，当 $x = h(t)$ 为自由边界时，便衍生出以下自由边界例子.

4.1.1 单相"融冰"Stefan 问题

为了模拟融冰过程中冰和水的交界面变化过程，Stefan[29-30] 首次建立了抛物型方程数学模型(4.1). 其中，$u(t,\, x)$ 为水中归一化的温度，$f(u,\, u_x) = 0$，$h(t)$ 表示水相厚度，附加在自由边界上的两个条件为

$$\begin{cases} u(t,\, h(t)) = 1, \\ u_x(t,\, h(t)) = h'(t)\,(\text{一阶 Stefan 条件}). \end{cases} \tag{4.2}$$

4.1.2　典型预混火焰的热-扩散燃烧模型

抛物型方程(4.1)还可以用来描述"薄"预混火焰的热-扩散燃烧现象. 其中, $u(t, x)$ 为燃料的归一化温度, 燃烧界面 $h(t)$ 为自由边界, 附加在自由边界上的两个条件为

$$\begin{cases} u(t, h(t)) = 1, \\ u_x(t, h(t)) = C,\ C > 0\ \text{给定的}. \end{cases} \tag{4.3}$$

根据文献[99]可知, 该附加条件实际上为二阶 Stefan 条件:

$$h'(t) = f(u, u_x(t, h(t)), u_{xx}(t, h(t))).$$

该"薄"预混火焰问题最终将转化为一个完全非线性问题.

以上两个例子的联系与区别可以通过以下两个示意图[图 4.1(a)、(b)]表现出来.

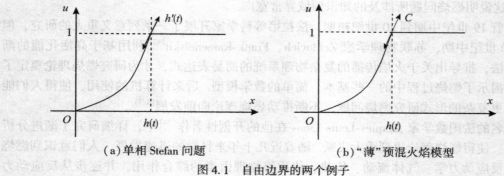

(a) 单相 Stefan 问题　　　　　　　　　(b) "薄"预混火焰模型

图 4.1　自由边界的两个例子

由于界面随着时间的变化而发生变化, 这类问题也称为移动界面问题, 其难点在于准确跟踪界面的位置.

4.2　一维燃烧问题的求解思路

为了更清晰地展示处理燃烧问题的思路, 我们针对一维燃烧问题展开详细说明.

首先说明本节中采用的符号及其含义, 如表 4.1 所示.

表 4.1　　　　　　　　　　　　　　　　本节符号及其含义

$\Theta(t, x)$	温度
$\Theta^{(0)}(x)$	行波解(或平面行波解)(Traveling Wave, Planar Solution)
V	行波速度(归一化为−1)
$x = g(t)$	移动火焰锋面(或自由边界)(Moving Front, Flame Front, Free Boundary, Free Interface)
$g(t) = -t$	平面火焰锋面(Planar Front)(移动火焰锋面的一维情形)
$\varphi(\tau)$	平面锋面的扰动量
$u(t, x)$	温度的零阶扰动量
$v(t, x)$	温度的一阶扰动量

考虑如下问题：

$$
\begin{cases}
\Theta_t(t,\ x) = \Theta_{xx}(t,\ x),\ t > 0,\ x \in \mathbb{R}, \\
\Theta(t,\ -\infty) = 0, \\
\Theta(t,\ g(t)) = a > 0, \\
\Theta_x(t,\ g(t)^-) = 1.
\end{cases}
\tag{4.4}
$$

4.2.1 一维行波解

针对一般情况而言，常采用的移动坐标变换为

$$
(t,\ x) \xrightarrow{\ t' = t,\ z = x - g(t)\ } (t',\ z)
$$

易知具有如下性质：

$$
\frac{\partial}{\partial t} = \frac{\partial}{\partial t'} - g_t \frac{\partial}{\partial z},\quad \frac{\partial}{\partial x} = \frac{\partial}{\partial z},\quad \frac{\partial^2}{\partial x^2} = \frac{\partial^2}{\partial z^2},
\tag{4.5}
$$

考虑特殊情形：稳态下的平面火焰锋面

$$
\Theta(t',\ z) \xrightarrow{\ g(t) = Vt,\ \Theta_{t'} = 0\ } \Theta^{(0)}(z)
$$

则根据式(4.4)，我们得出平面行波解 $\Theta^{(0)}(z)$ 满足关系：

$$
\begin{cases}
-V\Theta_z^{(0)} = \Theta_{zz}^{(0)} \\
\Theta^{(0)}(-\infty) = 0 \\
\Theta^{(0)}(0) = a > 0 \\
\Theta_z^{(0)}(0^-) = 1
\end{cases}
\Rightarrow \Theta^{(0)}(z) = a\mathrm{e}^{\frac{z}{a}},\ V = -\frac{1}{a},\ z \in \mathbb{R}.
\tag{4.6}
$$

为了计算方便，我们将行波解速度归一化为 $V = -1$，则平面行波解为

$$
\Theta^{(0)}(z) = \mathrm{e}^z,\ z \in \mathbb{R}.
$$

总之，我们可以计算出平面行波解

$$
\Theta(t,\ x) \xrightarrow{\ t' = t,\ z = x + t,\ \Theta_{t'} = 0\ } \Theta^{(0)}(z) = \mathrm{e}^z.
\tag{4.7}
$$

4.2.2 平面火焰锋面的扰动量

在平面火焰锋面 $g(t) = -t$ 上引入扰动量 $\varphi(t)$，即
$$
g(t) = -t + \varphi(t),
$$
相应地，温度 $\Theta(\tau,\ \xi)$ 也将产生扰动量，记 $u(\tau,\ \xi)$，

$$
\Theta(t',\ z) \xrightarrow{\ t' = \tau,\ z = \xi + \varphi(\tau)\ } \Theta(\tau,\ \xi),
$$

则

$$
\frac{\partial}{\partial \tau} = \frac{\partial}{\partial t'} + \varphi_\tau \frac{\partial}{\partial z},\quad \frac{\partial}{\partial \xi} = \frac{\partial}{\partial z},\quad \frac{\partial^2}{\partial \xi^2} = \frac{\partial^2}{\partial z^2},
\tag{4.8}
$$

即

$$
\frac{\partial}{\partial t'} = \frac{\partial}{\partial \tau} - \varphi_\tau \frac{\partial}{\partial \xi},\quad \frac{\partial}{\partial z} = \frac{\partial}{\partial \xi},\quad \frac{\partial^2}{\partial z^2} = \frac{\partial^2}{\partial \xi^2},
\tag{4.9}
$$

结合式(4.5)有

$$
\frac{\partial}{\partial t} = \frac{\partial}{\partial \tau} + (1 - \varphi_\tau)\frac{\partial}{\partial \xi},\quad \frac{\partial}{\partial x} = \frac{\partial}{\partial \xi},\quad \frac{\partial^2}{\partial x^2} = \frac{\partial^2}{\partial \xi^2}.
\tag{4.10}
$$

下面通过引进分裂方法[100]:

$$\Theta(\tau, \xi) = \Theta^{(0)}(\xi) + u(\tau, \xi), \tag{4.11a}$$

$$\Theta(\tau, \xi) = \Theta^{(0)}(\xi) + \varphi(\tau)\Theta_\xi^{(0)}(\xi) + v(\tau, \xi), \tag{4.11b}$$

来计算问题(4.4)的解.

4.2.3　零阶扰动量 $u(\tau, \xi)$ 的计算

将式(4.11a)代入式(4.4), 我们得到

$$u_\tau + (1 - \varphi_\tau)(\Theta_\xi^{(0)} + u_\xi) = \Theta_{\xi\xi}^{(0)} + u_{\xi\xi}$$

以及行波解 $\Theta^{(0)}(\xi) = e^\xi$, 进而得出零阶扰动方程组

$$\begin{cases} u_\tau = -u_\xi + u_{\xi\xi} + \varphi_\tau e^\xi + \varphi_\tau u_\xi, \\ u(\tau, -\infty) = 0, \\ u(\tau, 0) = 0, \\ u_\xi(\tau, 0) = 0. \end{cases} \tag{4.12}$$

4.2.4　一阶扰动量 $v(\tau, \xi)$ 的计算

通过分裂方法式(4.11a)和式(4.11b)得出

$$u(\tau, \xi) = \varphi e^\xi + v(\tau, \xi), \quad u_\tau = e^\xi \varphi_\tau + v_\tau, \quad u_\xi = e^\xi \varphi + v_\xi,$$

则问题(4.4)转化为

$$\begin{cases} v_\tau = -v_\xi + v_{\xi\xi} + \varphi_\tau u_\xi, \\ 0 = u(\tau, -\infty) = \varphi e^{-\infty} + v(\tau, -\infty) = v(\tau, -\infty), \\ 0 = u(\tau, 0) = \varphi + v(\tau, 0), \\ 0 = u_\xi(\tau, 0) = \varphi + v_\xi(\tau, 0). \end{cases} \tag{4.13}$$

得出边界条件

$$\begin{cases} v(\tau, -\infty) = 0, \\ v_\xi(\tau, 0) - v(\tau, 0) = 0. \end{cases} \tag{4.14}$$

令

$$\mathscr{L}v = -v_\xi + v_{\xi\xi},$$

由于

$$\begin{cases} \varphi = -v(\tau, 0), \Rightarrow \varphi_\tau = -v_\tau(\tau, 0), \\ v_\tau(\tau, 0) = \mathscr{L}v(\tau, 0) + \varphi_\tau u_\xi(\tau, 0), \\ u_\xi(\tau, 0) = 0, \\ u_\xi = \varphi e^\xi + v_\xi, \end{cases} \Rightarrow \begin{cases} \varphi_\tau = -\mathscr{L}v(\tau, 0), \\ u_\xi = -e^\xi v(\tau, 0) + v_\xi, \end{cases}$$

我们便得出最终的完全非线性问题:

$$\begin{cases} v_\tau = \mathscr{L}v + \mathscr{F}v, \\ v(\tau, -\infty) = 0, \\ v_\xi(\tau, 0) - v(\tau, 0) = 0, \end{cases} \tag{4.15}$$

其中

$$\mathscr{F}v = (-\mathscr{L}v(\tau, 0))(-e^\xi v(\tau, 0) + v_\xi).$$

4.2.5 关于坐标变换与移动火焰锋面的小结

我们将采用的坐标变换小结如下:

(1)针对一般情况而言:

$$x = g(t) \xrightarrow{\ z = x - g(t)\ } z = 0 \tag{4.16}$$

(2)针对特殊情形:

① $g(t) = Vt$, $\Theta'_t = 0$(平面火焰锋面)

$$x = g(t) \xrightarrow{\ z = x - Vt\ } z = 0 \tag{4.17}$$

② $g(t) = Vt + \varphi(t)$, 令 $V = -1$(平面火焰锋面的扰动量)

$$x = g(t) \xrightarrow[\Rightarrow \xi = x - Vt - \varphi(\tau)]{z = x - Vt,\ z = \xi + \varphi(\tau)} \xi = 0 \tag{4.18}$$

关于边界条件,经过上述坐标变换后,得出

$$\begin{cases} \Theta(t,\ x = -\infty) = 0, \\ \Theta(t,\ x = g(t)) = a = 1, \\ \Theta_x(t,\ g(t)^-) = 1, \end{cases} \Rightarrow \begin{cases} \Theta(\tau,\ \xi = -\infty) = 0, \\ \Theta(\tau,\ \xi = 0) = 1, \\ \Theta_\xi(\tau,\ \xi = 0^-) = 1, \end{cases}$$

$$\xrightarrow{\ \Theta = e^\xi + u(\tau,\ \xi)\ } \begin{cases} u(\tau,\ \xi = -\infty) = 0, \\ u(\tau,\ \xi = 0) = 0, \\ u_\xi(\tau,\ \xi = 0) = 0. \end{cases}$$

4.3 着火温度的燃烧模型

下面我们说明二维燃烧模型,所涉及的符号及其含义说明如表 4.2 所示.

表 4.2   符号及其含义说明

T_0, T_b	T_0 为未燃气体温度, T_b 为已燃气体温度
$\Theta(t,\ x,\ y) = \dfrac{T - T_0}{T_b - T_0}$	归一化气体温度
$\Phi(t,\ x,\ y) = \dfrac{C}{C_0}$	归一化气体浓度
$\{\Theta^{(0)}(x),\ \Phi^{(0)}(x)\}$	行波解(或平面解)
$\{u(t,\ x),\ v(t,\ x)\}$	温度的一阶扰动量
V	行波速度
$z = g(t,\ y)$, $z = R + f(t,\ y)$	位于 $z=0$ 和 $z=R$ 的移动火焰锋(自由界面)
$\varphi(\tau,\ \xi,\ \eta) = \alpha(\xi)g(\tau,\ \eta) + \alpha(\xi - R)f(\tau,\ \eta)$	平面火焰锋的扰动量
$\alpha(\xi)$	磨光函数
$0 < Le < 1$	Lewis 数(热扩散系数与质量扩散系数之比)
$[\cdot]$	边界跳跃量

　　近年来，许多学者对于氢-氧、乙烯-氧混合物的化学动力学进行了全面、有效的探索[52,101-105]，尤其是基于详细化学机制的理论和数值研究已表明：该氢-氧、乙烯-氧混合物在低温时表现为高活化能，在高温时则表现为低活化能[106-108]. 这些研究也表明，通过引进带有改进 Arrhenius 指数的全局单步动力机制，能够更准确地描述氢-氧、乙烯-氧混合物的燃烧火焰锋.

　　2015 年，Brailovsky 等[52]针对氢-氧、乙烯-氧混合物预混燃烧问题，通过研究全局活化能 E_g 的极限情况，得到了以下"算子形式"的燃烧模型：

$$\begin{cases} \Theta_t = \Delta\Theta + W(\Theta,\ \Phi), \\ \Phi_t = \dfrac{1}{Le}\Delta\Phi - W(\Theta,\ \Phi). \end{cases} \tag{4.19}$$

式中，Θ 和 Φ 分别为归一化温度和燃料浓度；Le 表示 Lewis 数，定义为热量扩散系数和质量扩散系数的比值；$W(\Theta,\ \Phi)$ 是反应速率，表示为

$$W(\Theta,\ \Phi) = \begin{cases} \kappa, & \text{当 } \Theta \geq \theta_i \text{ 且 } \Phi > 0, \\ 0, & \text{当 } \Theta < \theta_i \text{ 且 } \Phi = 0. \end{cases} \tag{4.20}$$

$\kappa > 0$ 是归一化因子. 该燃烧模型(4.19)、(4.20)考虑的是氢-氧、乙烯-氧混合物预混燃烧问题，讨论了整个二维空间中行波解的传统线性稳定性分析，其结论表明：行波解在 $0 < Le < 1$ 时为胞状不稳定(Cellular Instability)，在 $Le > 1$ 时为脉动不稳定(Pulsating Instability).

　　值得一提的是，Du 和 Lin[41]在讨论新物种入侵的扩散-消亡模型时，涉及了一维的两个自由界面下的 Stefan 问题，并且证明了解的存在和唯一性.

4.4　自由边界问题

　　我们将问题(4.19)、(4.20)重新整理为具有两个界面的自由边界问题.
　　首先，我们对燃烧模型"算子形式"描述如图 4.2 所示：

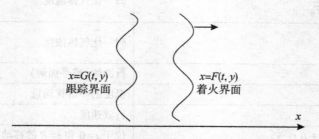

图 4.2　着火界面和跟踪界面

　　其次，我们将燃烧模型的两个自由界面改写为数学形式：着火界面 $x = F(t,\ y)$ 和跟踪界面 $x = G(t,\ y)$，$G(t,\ y) < F(t,\ y)$. 具体定义如下：

$$\Theta(t,\ F(t,\ y),\ y) = \theta_i,\ \Phi(t,\ G(t,\ y),\ y) = 0. \tag{4.21}$$

然后，将问题(4.19)、(4.20)的"算子形式"改写为自由边界形式：

$$\begin{cases} \Theta_t = \Delta\Theta, & \Phi \equiv 0, & x < G(t, y), \\ \Theta_t = \Delta\Theta + \kappa, & \Phi_t = \dfrac{1}{Le}\Delta\Phi - \kappa, & G(t, y) < x < F(t, y), \\ \Theta_t = \Delta\Theta, & \Phi_t = \dfrac{1}{Le}\Delta\Phi, & x > F(t, y). \end{cases} \qquad (4.22)$$

其中，垂直于着火界面或跟踪界面的法向导数 n 连续穿过两个界面. 即在着火界面 $x = F(t, y)$ 和跟踪界面 $x = G(t, y)$ 处满足关系

$$[\Theta] = [\Phi] = [\Theta_n] = [\Phi_n] = 0, \qquad (4.23)$$

当 $x \to \pm\infty$ 时，满足

$$\Theta(t, -\infty, y) = \Phi(t, +\infty, y) = 1, \quad \Theta(t, +\infty, y) = 0. \qquad (4.24)$$

同时，在 $y = \pm\dfrac{\ell}{2}$ 处满足周期边界条件.

令 $G(t, y) = t + g(t, y)$，$F(t, y) = t + R + f(t, y)$，则该燃烧问题的概念模型如图 4.3 所示.

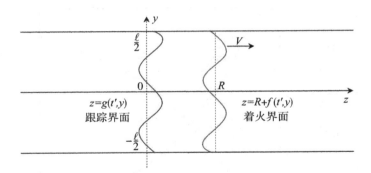

图 4.3 具有两个自由界面的燃烧模型

4.5 一维平面行波解

我们的目标为基于自由边界问题(4.22)，在带宽为 ℓ 的带型区域 $\mathbb{R} \times (-\ell/2, \ell/2)$ 考虑平面行波火焰在零阶动力反应下的稳定性分析与数值模拟.

存在唯一的一维平面行波解是自由边界问题(4.22)~(4.24)的一个重要特征. 由于一维行波解 $(\Theta^{(0)}, \Phi^{(0)})$ 沿着速度 V 匀速传播，不妨令 $V = 1$，则归一化因子为

$$\kappa = \frac{1}{R},$$

其中，正实数 $R = R(\theta_i)$ 由式(4.25)确定：

$$\theta_i R = 1 - e^{-R}, \quad 0 < \theta_i < 1. \qquad (4.25)$$

经移动坐标变换 $z = x - t$ 以及一系列的常微分方程求解过程后，得出行波解

$(\Theta^{(0)}(z)$，$\Phi^{(0)}(z))$ 为

$$\begin{cases} \Theta^{(0)}(z) \equiv 1, \qquad \Phi^{(0)}(z) \equiv 0, & z \leqslant 0, \\ \Theta^{(0)}(z) = 1 + \dfrac{1 - z - e^{-z}}{R}, \quad \Phi^{(0)}(z) = \dfrac{e^{-Lez} - 1}{LeR} + \dfrac{z}{R}, & 0 < z < R, \\ \Theta^{(0)}(z) = \theta_i e^{R-z}, \qquad \Phi^{(0)}(z) = 1 + \dfrac{1 - e^{LeR}}{LeRe^{Lez}}, & z \geqslant R. \end{cases} \tag{4.26}$$

易知，行波解满足以下关系：

$$\begin{cases} \theta_i R = 1 - e^{-R}, \\ \Theta_z^{(0)} + \Theta_{zz}^{(0)} = 0, \qquad \Phi^{(0)} = 0, & z \leqslant 0, \\ \Theta_z^{(0)} + \Theta_{zz}^{(0)} + \dfrac{1}{R} = 0, \quad \Phi_z^{(0)} + \dfrac{1}{Le}\Phi_{zz}^{(0)} - \dfrac{1}{R} = 0, & 0 < z < R, \\ \Theta_z^{(0)} + \Theta_{zz}^{(0)} = 0, \qquad \Phi_z^{(0)} + \dfrac{1}{Le}\Phi_{zz}^{(0)} = 0, & z \geqslant R. \end{cases} \tag{4.27}$$

行波解的示意图如 4.4 所示.

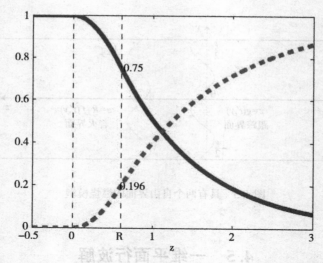

图 4.4　$\theta_i = 0.75$，$Le = 0.75$（$R = 0.60586$）时的行波解 $\Theta^{(0)}$（实线）和 $\Phi^{(0)}$（虚线）

为了方便后续有关行波解的计算，我们整理了一张表格供查阅，见附录 C.

注 4.1　值得注意的是，由模型 (4.26) 得出的图 4.4 与传统行波解完全不同，传统的行波解是高活化能下标准阿伦尼乌斯 (Arrhenius) 机制的热-扩散燃烧，不同点主要体现在以下两处.

（1）Arrhenius 机制的反应区域为无限薄，表现的是薄火焰，然而模型 (4.26) 所考虑的行波具有分段温度的厚火焰.

（2）更重要的区别是，Arrhenius 机制仅仅考虑燃烧和未燃气体产生的单个自由界面，

而本文中的分段温度模型(4.22)具有两个自由界面：位于 $z=R$ 处 $\Theta=\Theta_i$ 的着火边界，以及位于 $z=0$ 处 $\Phi=0$ 的跟踪边界.

正是由于上述两点的区别，使得针对模型(4.26)得出的行波解稳定性分析，与Arrhenius 机制下的稳定性分析大不一样，尤其是两个自由界面的处理成为数学建模与分析过程中的主要难点与挑战.

本章主要目的是针对问题(4.22)~(4.24)做平面行波解的非线性稳定性分析，第 5 章将对完全非线性燃烧模型进行数值模拟.

我们借鉴文献[100]中的一般方法，将自由边界问题转化为完全非线性边值问题，转化后的问题易于进行线性和非线性稳定性分析[109].

由于文献[100]所述方法成功应用到了许多自由边界问题上，尤其是有关燃烧理论方面(详见文献[110-114]). 最近该方法应用于手指形状的气体-固体燃烧模型[115]以及 K-S (Kuramoto-Sivashinsky)方程的严格推导过程[116-120].

然而，文献[100]所述方法并不能直接应用于本书中所讨论的模型中，主要障碍在于以下两点：

(1)文献[100]的方法仅仅针对单个自由边界条件，而我们需要考虑的是两个自由边界条件；

(2)应用文献[100]中的方法需要一个前提条件：横截条件(Transversality)或非退化性条件(Non-Degeneracy)，即 $\Theta_\xi^{(0)} \neq 0$，$\Phi_\xi^{(0)} \neq 0$. 然而，在 $\xi=0$ 处的跟踪界面上却并不满足非退化条件，因为 $\Theta_\xi^{(0)} \equiv 0$，$\Phi_\xi^{(0)} \equiv 0$.

值得一提的是，本书讨论的模型可以作为文献[52]中二维情形的推广，我们得出 Lewis 阈值 Le_c^* 的显式表达式是一个与带宽 ℓ 有关的函数，以及当 $\ell \to \infty$ 的渐进行为，准确地给出了关于参数 ℓ 的不稳定的特征模式数量.

4.6　平面行波解扰动模型

本节主要致力于推导扰动界面的控制方程，由于求解该行波解扰动模型的计算过程较为繁杂，我们将构建该扰动模型的整体思路罗列如下.

(1)选取行波解移动坐标变换

$$(t,\ x,\ y) \quad \xrightarrow{\ t'=t,\ z=x-t,\ y=y\ } \quad (t',\ z,\ y)$$

(2)然后在平面火焰锋上添加一个扰动函数 $\varphi(\tau,\ \xi,\ \eta)$，相应的行波解 $\{\Theta(\tau,\ \xi,\ \eta),\ \Phi(\tau,\ \xi,\ \eta)\}$ 也将产生一个扰动，记这个扰动量为 $\{u(\tau,\ \xi,\ \eta),\ v(\tau,\ \xi,\ \eta)\}$.

定义下列微分同胚(Diffeomorphism)变换，将着火边界和跟踪边界同时固定下来：

$$(t',\ z,\ y) \quad \xrightarrow{\ t'=\tau,\ z=\xi+\varphi(\tau,\ \xi,\ \eta),\ y=\eta\ } \quad (\tau,\ \xi,\ \eta)$$

(3)引入前提假设[100]：

$$\begin{cases} \Theta(\tau,\ \xi,\ \eta) = \Theta^{(0)}(\xi) + \varphi(\tau,\ \xi,\ \eta)\Theta_\xi^{(0)}(\xi) + u(\tau,\ \xi,\ \eta), \\ \Phi(\tau,\ \xi,\ \eta) = \Phi^{(0)}(\xi) + \varphi(\tau,\ \xi,\ \eta)\Phi_\xi^{(0)}(\xi) + v(\tau,\ \xi,\ \eta), \end{cases}$$

求解出平面行波解扰动量模型，即关于 $\{u(\tau,\xi,\eta),v(\tau,\xi,\eta)\}$ 的方程组. 下面详述着火边界和跟踪边界的固定的计算过程.

选取平面火焰锋坐标变换

$$(t,x,y)\xrightarrow{\quad t'=t,\ z=x-t,\ y=y\quad}(t',z,y) \tag{4.28}$$

则有关系式

$$\frac{\partial}{\partial t}=\frac{\partial}{\partial t'}-\frac{\partial}{\partial z},\quad \frac{\partial}{\partial x}=\frac{\partial}{\partial z},\quad \frac{\partial^2}{\partial x^2}=\frac{\partial^2}{\partial z^2}. \tag{4.29}$$

在平面火焰锋上引进扰动量 $\varphi(\tau,\xi,\eta)$，其中

$$\varphi(\tau,\xi,\eta)=\alpha(\xi)g(\tau,\eta)+\beta(\xi)f(\tau,\eta),$$

$\beta(\xi)=\alpha(\xi-R)$ 和 $\alpha(\xi)$ 是在 $(-2\delta,2\delta)$ 内具有紧支集的磨光函数，相应地，$\{\Theta(\tau,\xi,\eta),\Phi(\tau,\xi,\eta)\}$ 将产生扰动量 $\{u(\tau,\xi,\eta),v(\tau,\xi,\eta)\}$. 为了固定着火边界和跟踪边界，我们定义下列微分同胚变换：

$$(t',z,y)\xrightarrow{\quad t'=\tau,\ z=\xi+\varphi(\tau,\xi,\eta),\ y=\eta\quad}(\tau,\xi,\eta)$$

于是有

$$\frac{\partial}{\partial\tau}=\frac{\partial}{\partial t'}+\varphi_\tau\frac{\partial}{\partial z},\quad \frac{\partial}{\partial\xi}=(1+\varphi_\xi)\frac{\partial}{\partial z},\quad \frac{\partial}{\partial\eta}=\frac{\partial}{\partial y}+\varphi_\eta\frac{\partial}{\partial z}, \tag{4.30}$$

即

$$\frac{\partial}{\partial z}=\frac{1}{1+\varphi_\xi}\frac{\partial}{\partial\xi},\quad \frac{\partial}{\partial y}=\frac{\partial}{\partial\eta}-\frac{\varphi_\eta}{1+\varphi_\xi}\frac{\partial}{\partial\xi},\quad \frac{\partial}{\partial t'}=\frac{\partial}{\partial\tau}-\frac{\varphi_\tau}{1+\varphi_\xi}\frac{\partial}{\partial\xi},\quad \frac{\partial}{\partial t}=\frac{\partial}{\partial\tau}-\frac{1+\varphi_\tau}{1+\varphi_\xi}\frac{\partial}{\partial\xi},$$

同时

$$\frac{\partial^2}{\partial\xi^2}=\frac{\partial}{\partial\xi}\left((1+\varphi_\xi)\frac{\partial}{\partial z}\right)=\varphi_{\xi\xi}\frac{\partial}{\partial z}+(1+\varphi_\xi)^2\frac{\partial^2}{\partial z^2},$$

$$\frac{\partial^2}{\partial x^2}=\frac{\partial^2}{\partial z^2}=\frac{\dfrac{\partial^2}{\partial\xi^2}-\dfrac{\varphi_{\xi\xi}}{1+\varphi_\xi}\dfrac{\partial}{\partial\xi}}{(1+\varphi_\xi)^2},$$

$$\frac{\partial^2}{\partial\xi\partial\eta}=\frac{\partial}{\partial\eta}\left((1+\varphi_\xi)\frac{\partial}{\partial z}\right)$$

$$=\frac{(1+\varphi_\xi)\varphi_{\xi\eta}-\varphi_\eta\varphi_{\xi\xi}}{(1+\varphi_\xi)^2}\frac{\partial}{\partial\xi}+\frac{\varphi_\eta}{1+\varphi_\xi}\frac{\partial^2}{\partial\xi^2}+(1+\varphi_\xi)\frac{\partial^2}{\partial z\partial y},$$

$$\frac{\partial^2}{\partial z\partial y}=\frac{\dfrac{\partial^2}{\partial\xi\partial\eta}-\dfrac{(1+\varphi_\xi)\varphi_{\xi\eta}-\varphi_\eta\varphi_{\xi\xi}}{(1+\varphi_\xi)^2}\dfrac{\partial}{\partial\xi}-\dfrac{\varphi_\eta}{1+\varphi_\xi}\dfrac{\partial^2}{\partial\xi^2}}{1+\varphi_\xi},$$

$$\frac{\partial^2}{\partial\eta^2}=\frac{\partial}{\partial\eta}\left(\frac{\partial}{\partial y}+\varphi_\eta\frac{\partial}{\partial z}\right)=\frac{\partial^2}{\partial y^2}+2\varphi_\eta\frac{\partial^2}{\partial z\partial y}+\varphi_{\eta\eta}\frac{\partial}{\partial z}+\varphi_\eta^2\frac{\partial^2}{\partial z^2},$$

$$\frac{\partial^2}{\partial y^2} = \frac{\partial^2}{\partial \eta^2} - 2\varphi_\eta \frac{\partial^2}{\partial z \partial y} - \varphi_{\eta\eta} \frac{\partial}{\partial z} - \varphi_\eta^2 \frac{\partial^2}{\partial z^2}$$

$$= \frac{-\varphi_{\eta\eta}(1+\varphi_\xi)^2 + 2\varphi_\eta \varphi_{\xi\eta}(1+\varphi_\xi) - \varphi_{\xi\xi}\varphi_\eta^2}{(1+\varphi_\xi)^3} \frac{\partial}{\partial \xi}$$

$$+ \frac{\varphi_\eta^2}{(1+\varphi_\xi)^2} \frac{\partial^2}{\partial \xi^2} + \frac{\partial^2}{\partial \eta^2} - \frac{2\varphi_\eta}{1+\varphi_\xi} \frac{\partial^2}{\partial \xi \eta}.$$

此外，利用展开式

$$\frac{1}{1+\varphi_\xi} = 1 - \varphi_\xi + \frac{\varphi_\xi^2}{1+\varphi_\xi},$$

对于导函数而言，也有类似的展开式

$$\frac{\partial}{\partial z} = \frac{\partial}{\partial \xi} - \varphi_\xi \frac{\partial}{\partial \xi} + \frac{\varphi_\xi^2}{1+\varphi_\xi} \frac{\partial}{\partial \xi},$$

$$\frac{\partial}{\partial t'} = \frac{\partial}{\partial \tau} - \varphi_\tau \frac{\partial}{\partial \xi} + \varphi_\tau \varphi_\xi \frac{\partial}{\partial \xi} - \frac{\varphi_\tau \varphi_\xi^2}{1+\varphi_\xi} \frac{\partial}{\partial \xi}, \qquad (4.31)$$

$$\frac{\partial}{\partial y} = \frac{\partial}{\partial \eta} - \varphi_\eta \frac{\partial}{\partial \xi} + \varphi_\eta \varphi_\xi \frac{\partial}{\partial \xi} - \frac{\varphi_\eta \varphi_\xi^2}{1+\varphi_\xi} \frac{\partial}{\partial \xi}.$$

令

$$\Delta_\varphi = \left(\frac{-\varphi_{\eta\eta}}{1+\varphi_\xi} + \frac{2\varphi_\eta \varphi_{\xi\eta}}{(1+\varphi_\xi)^2} + \frac{-\varphi_{\xi\xi}(1+\varphi_\eta^2)}{(1+\varphi_\xi)^3} \right) D_\xi + \frac{1+\varphi_\eta^2}{(1+\varphi_\xi)^2} D_{\xi\xi} + D_{\eta\eta} - \frac{2\varphi_\eta}{1+\varphi_\xi} D_{\xi\eta},$$

$$(4.32)$$

那么

$$\Theta_t = \Delta\Theta, \quad \Phi_t = \frac{\Delta\Phi}{Le},$$

进一步改写为

$$\begin{cases} \Theta_\tau = \dfrac{1+\varphi_\tau}{1+\varphi_\xi} \Theta_\xi + \Delta_\varphi \Theta, \\ \Phi_\tau = \dfrac{1+\varphi_\tau}{1+\varphi_\xi} \Phi_\xi + \dfrac{1}{Le} \Delta_\varphi \Phi. \end{cases}$$

此时，两个界面在坐标变换下的位置都是固定的，即跟踪界面位于 $\xi = 0$，着火界面位于 $\xi = R$。相应地，我们把问题(4.33)、(4.34)的区域 Ω 分解为三个区域：$\Omega = \Omega_- \cup \Omega_0 \cup \Omega_+$，其中

$$\Omega_- = \left\{ (\tau, \xi, \eta): \tau > 0, \xi < 0, -\frac{l}{2} < \eta < \frac{l}{2} \right\},$$

$$\Omega_0 = \left\{ (\tau, \xi, \eta): \tau > 0, 0 < \xi < R, -\frac{l}{2} < \eta < \frac{l}{2} \right\},$$

$$\Omega_+ = \left\{ (\tau, \xi, \eta): \tau > 0, \xi > R, -\frac{l}{2} < \eta < \frac{l}{2} \right\},$$

那么方程组(4.22)~(4.24)可以表示为

$$
\begin{cases}
\Theta_\tau = \dfrac{1+\varphi_\tau}{1+\varphi_\xi}\Theta_\xi + \Delta_\varphi\Theta, & \Phi \equiv 0, & \Omega_-, \\[3mm]
\Theta_\tau = \dfrac{1+\varphi_\tau}{1+\varphi_\xi}\Theta_\xi + \Delta_\varphi\Theta + \dfrac{1}{R}, & \Phi_\tau = \dfrac{1+\varphi_\tau}{1+\varphi_\xi}\Phi_\xi + \dfrac{1}{Le}\Delta_\varphi\Phi - \dfrac{1}{R}, & \Omega_0, \\[3mm]
\Theta_\tau = \dfrac{1+\varphi_\tau}{1+\varphi_\xi}\Theta_\xi + \Delta_\varphi\Theta, & \Phi_\tau = \dfrac{1+\varphi_\tau}{1+\varphi_\xi}\Phi_\xi + \dfrac{1}{Le}\Delta_\varphi\Phi, & \Omega_+,
\end{cases}
\tag{4.33}
$$

和边界条件

$$
\begin{cases}
[\Theta]_0 = [\Theta_\xi]_0 = \Phi = \Phi_\xi = 0, & \text{at } \xi = 0, \\[2mm]
\Theta = \theta_i,\ [\Theta]_R = [\Theta_\xi]_R = [\Phi] = [\Phi_\xi] = 0, & \text{at } \xi = R, \\[2mm]
\Theta = 1,\ \Phi = 0, & \text{at } \xi = -\infty, \\[2mm]
\Theta = 0,\ \Phi = 1, & \text{at } \xi = +\infty
\end{cases}
\tag{4.34}
$$

以及 $\eta = \pm\dfrac{\ell}{2}$ 满足周期边界条件. 下面我们详细介绍完全非线性模型的建立过程.

4.7　完全非线性模型的推导

4.7.1　求解扰动量函数 (u, v)

首先, 引入假设[100]:

$$
\begin{cases}
\Theta(\tau, \xi, \eta) = \Theta^{(0)}(\xi) + \varphi(\tau, \xi, \eta)\Theta_\xi^{(0)}(\xi) + u(\tau, \xi, \eta), \\[2mm]
\Phi(\tau, \xi, \eta) = \Phi^{(0)}(\xi) + \varphi(\tau, \xi, \eta)\Phi_\xi^{(0)}(\xi) + v(\tau, \xi, \eta),
\end{cases}
\tag{4.35}
$$

我们的目标是寻找问题(4.33)、(4.34)的解.

将式(4.35)代入式(4.33)便能得出扰动量函数 (u, v) 的表达关系

$$
\begin{cases}
u_\tau = u_\xi + u_{\xi\xi} + u_{\eta\eta} + \mathcal{F}, & \text{in } \Omega, \\[2mm]
v = 0, & \text{in } \Omega_-, \\[2mm]
v_\tau = v_\xi + \dfrac{1}{Le}(v_{\xi\xi} + v_{\eta\eta}) + \mathcal{G}, & \text{in } \Omega_0 \cup \Omega_+,
\end{cases}
\tag{4.36}
$$

其中

$$
\begin{aligned}
\mathcal{F} =\ & \varphi_\tau\frac{\varphi\Theta_{\xi\xi}^{(0)} + u_\xi}{1+\varphi_\xi} \\[2mm]
& + \frac{1}{1+\varphi_\xi}\left(-(\varphi_\xi + \varphi_{\eta\eta})(\varphi\Theta_{\xi\xi}^{(0)} + u_\xi) - 2\varphi_\eta(\varphi_\eta\Theta_{\xi\xi}^{(0)} + u_{\xi\eta})\right) \\[2mm]
& + \frac{1}{(1+\varphi_\xi)^2}\left(2\varphi_\eta\varphi_{\xi\eta}(\varphi\Theta_{\xi\xi}^{(0)} + u_\xi) + (\varphi_\eta^2 - \varphi_\xi^2)(\varphi\Theta_{\xi\xi\xi}^{(0)} + \Theta_{\xi\xi}^{(0)} + u_{\xi\xi})\right. \\[2mm]
& \left. - 2\varphi_\xi(\varphi\Theta_{\xi\xi\xi}^{(0)} - \varphi_\eta^2\Theta_{\xi\xi}^{(0)} + u_{\xi\xi})\right) + \frac{1}{(1+\varphi_\xi)^3}\left(-\varphi_{\xi\xi}(1+\varphi_\eta^2)(\varphi\Theta_{\xi\xi}^{(0)} + u_\xi)\right),
\end{aligned}
\tag{4.37}
$$

和

$$\mathscr{G} = \varphi_\tau \frac{\varphi \Phi_{\xi\xi}^{(0)} + v_\xi}{1 + \varphi_\xi}$$

$$+ \frac{1}{Le(1+\varphi_\xi)}(-(Le\varphi_\xi + \varphi_{\eta\eta})(\varphi\Phi_{\xi\xi}^{(0)} + v_\xi) - 2\varphi_\eta(\varphi_\eta\Phi_{\xi\xi}^{(0)} + v_{\xi\eta}))$$

$$+ \frac{1}{Le(1+\varphi_\xi)^2}(2\varphi_\eta\varphi_{\xi\eta}(\varphi\Phi_{\xi\xi}^{(0)} + v_\xi) + (\varphi_\eta^2 - \varphi_\xi^2)(\varphi\Phi_{\xi\xi\xi}^{(0)} + \Phi_{\xi\xi}^{(0)} + v_{\xi\xi})$$

$$- 2\varphi_\xi(\varphi\Phi_{\xi\xi\xi}^{(0)} - \varphi_\eta^2\Phi_{\xi\xi}^{(0)} + v_{\xi\xi})) + \frac{1}{Le(1+\varphi_\xi)^3}(-\varphi_{\xi\xi}(1+\varphi_\eta^2)(\varphi\Phi_{\xi\xi}^{(0)} + v_\xi)).$$

$$(4.38)$$

下一步，我们将根据边界条件来消除扰动量 f 和 g.

4.7.2 扰动量 f 和 g 的消除

已知前述边界条件(4.34)

$$\begin{cases} [\Theta]_0 = [\Theta_\xi]_0 = \Phi = \Phi_\xi = 0, & \text{at} \quad \xi = 0, \\ \Theta = \theta_i, \ [\Theta]_R = [\Theta_\xi]_R = [\Phi] = [\Phi_\xi] = 0, & \text{at} \quad \xi = R, \\ \Theta = 1, \ \Phi = 0, & \text{at} \quad \xi = -\infty, \\ \Theta = 0, \ \Phi = 1, & \text{at} \quad \xi = +\infty \end{cases}$$

以及扰动量

$$\varphi(\tau, \xi, \eta) = \alpha(\xi)g(\tau, \eta) + \beta(\xi)f(\tau, \eta).$$

我们的主要问题为求解位于 $\xi = 0$ 和 $\xi = R$ 处的边界条件.

(1) 首先，考虑着火边界 $\xi = R$，此处 $\varphi = f$.

由附录 C 的表 C.1 可以看出，

$$\Theta_\xi^{(0)} = -\theta_i, \qquad \Phi_\xi^{(0)} = \frac{1 - e^{-LeR}}{R},$$

即 $\{\Theta_\xi^{(0)}, \Phi_\xi^{(0)}\}$ 在边界 $\xi = R$ 处不等于零，这正是文献[100]中的一个必要条件：横截条件(Transversality)或称为非退化性条件(Non-Degeneracy).

由 $[u]_R = [v]_R = 0$ 以及式(4.35)得

$$u(R) = \theta_i f.$$

下一步，我们对式(4.35)分别求导后，取 $\xi = R$ 处的跳跃值，得

$$[u_\xi]_R = -\frac{f}{R}, \qquad [v_\xi]_R = \frac{Lef}{R}.$$

这样便能消去 $\xi = R$ 处的扰动量 f

$$f(\tau, \eta) = \frac{1}{\theta_i}u(\tau, R, \eta). \qquad (4.39)$$

因此，$\xi = R$ 处的边界条件改写为

$$[u]_R = [v]_R = 0, \qquad u(R) + \theta_i R[u_\xi]_R = 0, \qquad [Leu_\xi + v_\xi]_R = 0. \qquad (4.40)$$

（2）然后考虑跟踪边界 $\xi = 0$，与着火边界的做法类似：$[u]_0 = v(0) = 0$. 在 $\xi \neq 0$ 处对式（4.35）分别求导后取跳跃值，得：

$$[u_\xi]_0 = \frac{g}{R}, \quad v_\xi(0^+) = -\frac{gLe}{R}.$$

因此，我们可以消去边界变量：

$$g(\tau, \eta) = -\frac{R}{Le} v_\xi(\tau, 0^+, \eta), \tag{4.41}$$

并且得出以下边界条件：

$$[u]_0 = 0, \quad v(0) = 0, \quad [Le u_\xi]_0 + v_\xi(0^+) = 0. \tag{4.42}$$

那么，边界条件为

$$\begin{cases} [u] = 0, \quad v(0) = 0, \quad [Le u_\xi]_0 + v_\xi(0^+) = 0, \\ [u]_R = [v]_R = 0, \quad u(R) + \theta_i R[u_\xi]_R = 0, \quad [Le u_\xi + v_\xi]_R = 0. \end{cases} \tag{4.43}$$

此处与着火边界的最大不同在于：$\Theta_\xi^{(0)} = 0$ 和 $\Phi_\xi^{(0)} = 0$，不满足文献[100]的非退化条件，没法应用其中的方法而成为一大主要障碍. 然而，相比于着火火焰扰动量式（4.39），跟踪火焰扰动量 g 与方程（4.41）中变量 v 的导数有关. 幸运的是，

$$\Theta_{\xi\xi}^{(0)}(0^+) = -\frac{1}{R}, \quad \Phi_{\xi\xi}^{(0)}(0^+) = \frac{Le}{R},$$

即 $\{\Theta_{\xi\xi}^{(0)}, \Phi_{\xi\xi}^{(0)}\}$ 满足非退化条件. 由于我们所讨论的方程组仅仅是在边界条件上耦合，我们运用的技巧是对方程（4.36）关于变量 ξ 求导数，得出新的行波解扰动量 (u, w)，满足了非退化条件，于是可以应用相关的线性和非线性稳定性理论.

4.7.3 新的行波解扰动量 (u, w) 及其边界条件的推导

为了记号方便，我们记新的扰动量为 u 和 $w = v_\xi$. 由于 (u, v) 满足方程（4.36），那么扰动量 (u, w) 满足以下方程组：

$$\begin{cases} u_\tau = u_\xi + u_{\xi\xi} + u_{\eta\eta} + \varphi_\tau \mathcal{F}_1 + \mathcal{F}_2, & \text{in } \Omega, \\ w = 0, & \text{in } \Omega_-, \\ w_\tau = w_\xi + \frac{1}{Le}(w_{\xi\xi} + w_{\eta\eta}) + \varphi_\tau \mathcal{G}_1 + \varphi_{\tau\xi}\mathcal{G}_2 + \mathcal{G}_3, & \text{in } \Omega_0 \cup \Omega_+ \end{cases} \tag{4.44}$$

以及边界条件

$$\begin{cases} [u]_0 = 0, \quad [Le u_\xi]_0 + w(0^+) = 0, \\ [u]_R = 0, \quad u(R) + \theta_i R[u_\xi]_R = 0, \quad [Le u_\xi + w]_R = 0. \end{cases} \tag{4.45}$$

其中

$$\mathcal{F}_1 = \frac{\varphi \Theta_{\xi\xi}^{(0)} + u_\xi}{1 + \varphi_\xi},$$

$$\mathcal{F}_2 = \frac{1}{1 + \varphi_\xi}(-(\varphi_\xi + \varphi_{\eta\eta})(\varphi \Theta_{\xi\xi}^{(0)} + u_\xi) - 2\varphi_\eta(\varphi_\eta \Theta_{\xi\xi}^{(0)} + u_{\xi\eta}))$$

$$+ \frac{1}{(1+\varphi_\xi)^2}(2\varphi_\eta\varphi_{\xi\eta}(\varphi\Theta_{\xi\xi}^{(0)}+u_\xi)+(\varphi_\eta^2-\varphi_\xi^2)(\varphi\Theta_{\xi\xi\xi}^{(0)}+\Theta_{\xi\xi}^{(0)}+u_{\xi\xi})$$

$$-2\varphi_\xi(\varphi\Theta_{\xi\xi\xi}^{(0)}-\varphi_\eta^2\Theta_{\xi\xi}^{(0)}+u_{\xi\xi}))+\frac{1}{(1+\varphi_\xi)^3}(-\varphi_{\xi\xi}(1+\varphi_\eta^2)(\varphi\Theta_{\xi\xi}^{(0)}+u_\xi)),$$

$$\mathscr{G}_1=\frac{1}{1+\varphi_\xi}(\varphi\varphi_\xi\Phi_{\xi\xi}^{(0)}+\varphi\Phi_{\xi\xi\xi}^{(0)}+w_\xi)-\frac{\varphi_{\xi\xi}(\varphi\Phi_{\xi\xi}^{(0)}+w)}{(1+\varphi_\xi)^2},$$

$$\mathscr{G}_2=\frac{\varphi\Phi_{\xi\xi}^{(0)}+w}{1+\varphi_\xi},$$

$$\mathscr{G}_3=\frac{1}{Le(1+\varphi_\xi)}(-(Le\varphi_{\xi\xi}+\varphi_{\xi\eta\eta})(\varphi\Phi_{\xi\xi}^{(0)}+w)-(Le\varphi_\xi+\varphi_{\eta\eta})(\varphi\Phi_{\xi\xi\xi}^{(0)}+\varphi_\xi\Phi_{\xi\xi}^{(0)}+w_\xi)$$

$$-2\varphi_{\xi\eta}(2\varphi_\eta\Phi_{\xi\xi}^{(0)}+w_\eta)-2\varphi_\eta(\varphi_\eta\Phi_{\xi\xi\xi}^{(0)}+w_{\xi\eta}))$$

$$+\frac{1}{Le(1+\varphi_\xi)^2}((2\varphi_{\xi\eta}^2+2\varphi_\eta\varphi_{\xi\xi\eta}+\varphi_{\xi\xi}(Le\varphi_\xi+\varphi_{\eta\eta}))(\varphi\Phi_{\xi\xi}^{(0)}+w)+2\varphi_\eta\varphi_{\xi\xi}(2\varphi_\eta\Phi_{\xi\xi}^{(0)}+w_\eta)$$

$$+2(2\varphi_\eta\varphi_{\xi\eta}-\varphi_{\xi\xi}-\varphi_\xi\varphi_{\xi\xi})(\varphi\Phi_{\xi\xi\xi}^{(0)}+w_\xi)+2(\varphi_\eta\varphi_{\xi\eta}-\varphi_\xi\varphi_{\xi\xi}+3\varphi_\eta\varphi_{\xi\eta}\varphi_\xi)\Phi_{\xi\xi}^{(0)}$$

$$+(\varphi_\eta^2-\varphi_\xi^2-2\varphi_\xi)(\varphi_\xi\Phi_{\xi\xi}^{(0)}+\varphi\Phi_{\xi\xi\xi}^{(0)}+w_{\xi\xi})+(\varphi_\eta^2-\varphi_\xi^2+2\varphi_\xi\varphi_\eta^2)\Phi_{\xi\xi\xi}^{(0)})$$

$$+\frac{1}{Le(1+\varphi_\xi)^3}((-6\varphi_\eta\varphi_{\xi\xi}\varphi_{\xi\eta}-\varphi_{\xi\xi\xi}(1+\varphi_\eta^2))(\varphi\Phi_{\xi\xi}^{(0)}+w)$$

$$+\varphi_{\xi\xi}(2\varphi_\xi^2-3\varphi_\eta^2+4\varphi_\xi-1)(\varphi\Phi_{\xi\xi\xi}^{(0)}+w_\xi)+\varphi_{\xi\xi}(2\varphi_\xi^2-2\varphi_\eta^2-5\varphi_\xi\varphi_\eta^2-\varphi_\xi)\Phi_{\xi\xi}^{(0)})$$

$$+\frac{1}{Le(1+\varphi_\xi)^4}(3\varphi_{\xi\xi}^2(1+\varphi_\eta^2)(\varphi\Phi_{\xi\xi}^{(0)}+w)).$$

由于边界条件不足，我们需要在边界 $\xi=0$ 和 $\xi=R$ 处各寻找一个边界条件．

（1）针对 $\xi=0$ 处：在 $\xi=0$ 邻域处对式（4.35）（即 $\varphi=g$）求两次导数并取跳跃值，得

$$[\Phi_{\xi\xi}]_0=[\Phi_{\xi\xi}^{(0)}]_0+g[\Phi_{\xi\xi\xi}^{(0)}]_0+[w_\xi]_0. \tag{4.46}$$

由于

$$[\Phi_{\xi\xi}^{(0)}]_0=\frac{Le}{R},\qquad[\Phi_{\xi\xi\xi}^{(0)}]_0=-\frac{Le^2}{R},\qquad g=-\frac{Rw(0^+)}{Le},$$

我们有

$$[\Phi_{\xi\xi}]_0=\frac{Le}{R}+Lew(0^+)+w_\xi(0^+). \tag{4.47}$$

为了计算 $[\Phi_{\xi\xi}]_0$，取式（4.33）的跳跃值：

$$[\Phi_\tau]_0-\frac{1+\varphi_\tau}{1+\varphi_\xi}[\Phi_\xi]_0=\frac{1}{Le}[\Delta_\varphi\Phi]_0-\frac{1}{R}.$$

利用条件 $[\Phi_\tau]_0=[\Phi_\xi]_0=0$，有

$$[\Delta_\varphi\Phi]_0=\frac{Le}{R}. \tag{4.48}$$

另一方面，由式（4.32）可以得出：

$$\left[\Delta_\varphi \Phi\right]_0 = \left(\frac{-g_{\eta\eta}}{1+g_\xi} + \frac{2g_\eta g_{\xi\eta}}{(1+g_\xi)^2} + \frac{-g_{\xi\xi}(1+g_\eta^2)}{(1+g_\xi)^3}\right)\left[\Phi_\xi\right]_0$$
$$+ \frac{1+g_\eta^2}{(1+g_\xi)^2}\left[\Phi_{\xi\xi}\right]_0 + \left[\Phi_{\eta\eta}\right]_0 - \frac{2g_\eta}{1+g_\xi}\left[\Phi_{\xi\eta}\right]_0 \qquad (4.49)$$
$$= (1+g_\eta^2)\left[\Phi_{\xi\xi}\right]_0.$$

因此

$$(1+g_\eta^2)\left[\Phi_{\xi\xi}\right]_0 = \frac{Le}{R}. \qquad (4.50)$$

即

$$\left[\Phi_{\xi\xi}\right]_0 = \frac{\frac{Le}{R}}{1+g_\eta^2} = \frac{Le}{R}(1 - g_\eta^2 + \cdots). \qquad (4.51)$$

因此, 得出一个完全非线性的边界条件:

$$\frac{Le}{R} + Lew(0^+) + w_\xi(0^+) = \left[\Phi_{\xi\xi}\right]_0 = \frac{\frac{Le}{R}}{1+g_\eta^2}, \qquad (4.52)$$

而针对线性部分, 将式(4.47)中的 $\left[\Phi_{\xi\xi}\right]_0$ 替换为 $\frac{Le}{R}$ 便有

$$\frac{Le}{R} = \frac{Le}{R} + Lew(0^+) + w_\xi(0^+).$$

因此, 我们得到位于 $\xi = 0$ 处的一个边界条件:

$$Lew(0^+) + w_\xi(0^+) = 0, \qquad \text{线性边界条件}, \qquad (4.53a)$$

$$Lew(0^+) + w_\xi(0^+) = \frac{-LeRw_\eta^2(0^+)}{Le^2 + R^2 w_\eta^2(0^+)}, \qquad \text{非线性边界条件}. \qquad (4.53b)$$

(2)针对 $\xi = R$ 处, 采用类似的思路便能得到另一个边界条件. 在 $\xi = R$ 的邻域(即 $\varphi = f$, $\xi \neq R$), 对式(4.53b)求两次导数并取跳跃值, 得

$$\left[\Phi_{\xi\xi}\right]_R = \left[\Phi_{\xi\xi}^{(0)}\right]_R + f\left[\Phi_{\xi\xi\xi}^{(0)}\right]_R + \left[w_\xi\right]_R. \qquad (4.54)$$

由于

$$\left[\Phi_{\xi\xi}^{(0)}\right]_R = -\frac{Le}{R}, \quad \left[\Phi_{\xi\xi\xi}^{(0)}\right]_R = \frac{Le^2}{R}, \quad f = \frac{u(R)}{\theta_i} = \frac{R}{Le}\left[w\right]_R,$$

有

$$\left[\Phi_{\xi\xi}\right]_R = -\frac{Le}{R} + Le\left[w\right]_R + \left[w_\xi\right]_R. \qquad (4.55)$$

取式(4.33)的跳跃值:

$$\left[\Phi_\tau\right]_R - \frac{1+\varphi_\tau}{1+\varphi_\xi}\left[\Phi_\xi\right]_R = \frac{1}{Le}\left[\Delta_\varphi \Phi\right]_R + \frac{1}{R}.$$

已知 $\left[\Phi_\tau\right]_R = 0$, $\left[\Phi_\xi\right]_R = 0$, 便有

$$[\Delta_\varphi \Phi]_R = -\frac{Le}{R}. \tag{4.56}$$

另一方面，由式(4.32)可得

$$\begin{aligned}
[\Delta_\varphi \Phi]_R &= \left(\frac{-f_{\eta\eta}}{1+f_\xi} + \frac{2f_\eta f_{\xi\eta}}{(1+f_\xi)^2} + \frac{-f_{\xi\xi}(1+f_\eta^2)}{(1+f_\xi)^3}\right)[\Phi_\xi]_R \\
&\quad + \frac{1+f_\eta^2}{(1+f_\xi)^2}[\Phi_{\xi\xi}]_R + [\Phi_{\eta\eta}]_R - \frac{2f_\eta}{1+f_\xi}[\Phi_{\xi\eta}]_R \\
&= (1+f_\eta^2)[\Phi_{\xi\xi}]_R.
\end{aligned} \tag{4.57}$$

由于

$$[\Phi_{\eta\eta}]_R = D_{\eta\eta}[\Phi]_R = 0, \qquad [\Phi_\xi]_R = 0, \qquad [\Phi_{\xi\eta}]_R = 0, \tag{4.58}$$

有

$$(1+f_\eta^2)[\Phi_{\xi\xi}]_R = -\frac{Le}{R}, \tag{4.59}$$

即

$$[\Phi_{\xi\xi}]_R = \frac{-\dfrac{Le}{R}}{1+f_\eta^2} = -\frac{Le}{R}(1-f_\eta^2+\cdots). \tag{4.60}$$

也就是说：

$$-\frac{Le}{R} + Le[w]_R + [w_\xi]_R = [\Phi_{\xi\xi}]_R = \frac{-\dfrac{Le}{R}}{1+f_\eta^2}, \tag{4.61}$$

于是得出另一个完全非线性边界条件. 当仅考虑线性部分时，用 $-\dfrac{Le}{R}$ 替换式(4.55)中的 $[\Phi_{\xi\xi}]_R$，有

$$-\frac{Le}{R} = -\frac{Le}{R} + Le[w]_R + [w_\xi]_R.$$

因此，位于 $\xi = R$ 的另一个边界条件为：

$$Le[w]_R + [w_\xi]_R = 0, \qquad \text{线性边界条件}, \tag{4.62a}$$

$$Le[w]_R + [w_\xi]_R = \frac{Leu_\eta^2(R)}{R(\theta_i^2 + u_\eta^2(R))}, \qquad \text{非线性边界条件}. \tag{4.62b}$$

最终，我们得到了线性化的边界条件：

$$\begin{cases}
[u]_0 = 0, \ [Leu_\xi] + w(0^+) = 0, \ Lew(0^+) + w_\xi(0^+) = 0, \\
[u]_R = 0, \ u(R) + \theta_i R[u_\xi]_R = 0, \ [Leu_\xi + w]_R = 0, \ [Lew + w_\xi]_R = 0,
\end{cases} \tag{4.63}$$

以及完全非线性的边界条件：

$$\begin{cases}
[u]_0 = 0, \ [Leu_\xi]_0 + w(0^+) = 0, \ Lew(0^+) + w_\xi(0^+) = \dfrac{-LeRw_\eta^2(0^+)}{Le^2 + R^2 w_\eta^2(0^+)}, \\[2mm]
[u]_R = 0, u(R) + \theta_i R[u_\xi]_R = 0, [Leu_\xi + w]_R = 0, Le[w]_R + [w_\xi]_R = \dfrac{Leu_\eta^2(R)}{R(\theta_i^2 + u_\eta^2(R))}.
\end{cases} \tag{4.64}$$

下一步，我们将消除扰动量 $\varphi_\tau(\tau,\,\xi,\,\eta)$，$\varphi_{\tau,\xi}(\tau,\,\xi,\,\eta)$，以便得到完全非线性的表达式.

4.7.4　扰动量 $\varphi_\tau(\tau,\,\xi,\,\eta)$，$\varphi_{\tau,\xi}(\tau,\,\xi,\,\eta)$ 的消除

首先，我们结合式(4.39)、式(4.41)与式(4.44)，得

$$\varphi(\tau,\,\xi,\,\eta)=-\frac{R\alpha(\xi)}{Le}w(0^+)+\frac{\beta(\xi)}{\theta_i}u(\tau,\,R,\,\eta). \tag{4.65}$$

由于式(4.65)关于 ξ 都是可导的，而 φ 关于 η 的导数值为

$$\varphi_\eta(\tau,\,\xi,\,\eta)=-\frac{R\alpha(\xi)}{Le}w_\eta(0^+)+\frac{\beta(\xi)}{\theta_i}u_\eta(\tau,\,R,\,\eta), \tag{4.66}$$

可以看出，$\varphi_{\eta\eta}(\tau,\,\xi,\,\eta)$ 的计算涉及 $w_{\eta\eta}(0^+)$ 和 $u_{\eta\eta}(\tau,\,R,\,\eta)$，因此，我们所面临的也将是一个完全非线性问题.

下一步是 $\varphi_\tau(\tau,\,\xi,\,\eta)$ 和 $\varphi_{\tau\xi}(\tau,\,\xi,\,\eta)$ 的计算. 可以看出：

$$\varphi_\tau(\tau,\,\xi,\,\eta)=-\frac{R\alpha(\xi)}{Le}w_\tau(\tau,\,0^+,\,\eta)+\frac{\beta(\xi)}{\theta_i}u_\tau(\tau,\,R^+,\,\eta), \tag{4.67}$$

因此

$$\varphi_\tau(\tau,\,0,\,\eta)=-\frac{R}{Le}w_\tau(\tau,\,0^+,\,\eta),\quad \varphi_\tau(\tau,\,R,\,\eta)=\frac{u_\tau(\tau,\,R^+,\,\eta)}{\theta_i}.$$

首先，在方程(4.44)中取 $\xi=R^+$，由于 $\alpha=0$，$\beta(R)=1$ 以及 $\beta_\xi(R)=0$，我们有

$$u_\tau(R^+)=u_\xi(R)+u_{\xi\xi}(R^+)+u_{\eta\eta}(R)+\mathcal{F}_2(u,\,w)(R^+)$$
$$+\frac{1}{\theta_i}u_\tau(R^+)\left(\frac{1}{\theta_i}u(R)\Theta^{(0)}_{\xi\xi}(R^+)+u_\xi(R)\right),$$

因此

$$u_\tau(R^+)=\frac{u_\xi(R)+u_{\xi\xi}(R^+)+u_{\eta\eta}(R)+\mathcal{F}_2(u,\,w)(R^+)}{1-\dfrac{u(R)+u_\xi(R)}{\theta_i}}. \tag{4.68}$$

然后，在方程(4.44)中取 $\xi=0^+$，由于 $\varphi_\xi|_{\xi=0^+}=0$，

$$w_\tau(0^+)=w_\xi(0^+)+\frac{w_{\xi\xi}(0^+)+w_{\eta\eta}(0^+)}{Le}+\mathcal{G}_3(u,\,w)(0^+)$$
$$+\varphi_\tau(0)(\varphi(0)\Phi^{(0)}_{\xi\xi\xi}(0^+)+w_\xi(0^+))$$

且

$$\varphi(0)=-\frac{R}{Le}w(0^+),\quad \varphi_\tau(0)=-\frac{R}{Le}w_\tau(0^+),\quad \Phi^{(0)}_{\xi\xi\xi}(0^+)=-\frac{Le^2}{R},$$

便有

$$w_\tau(0^+)=\frac{Lew_\xi(0^+)+w_{\xi\xi}(0^+)+w_{\eta\eta}(0^+)+Le\mathcal{G}_3(u,\,w)(0^+)}{Le+R(w_\xi(0^+)+Lew(0^+))}. \tag{4.69}$$

鉴于表达式(4.67)~式(4.69)成立，我们便可以消去(4.44)中的函数值 φ_τ.

由于

$$\varphi_{\eta\eta} = -\frac{R\alpha(\xi)}{Le}w_{\eta\eta}(0^+) + \frac{\beta(\xi)}{\theta_i}u_{\eta\eta}(R), \qquad \varphi_\xi = -\frac{R\alpha_\xi}{Le}w(0^+) + \frac{\beta_\xi u(R)}{\theta_i},$$

$$\varphi_{\tau\xi} = -\frac{R\alpha_\xi}{Le}w_\tau(0^+) + \frac{\beta_\xi}{\theta_i}u_\tau(R^+), \qquad \varphi_{\xi\eta} = -\frac{R\alpha_\xi}{Le}w_\eta(0^+) + \frac{\beta_\xi u_\eta(R)}{\theta_i},$$

$$\varphi_{\xi\xi} = -\frac{R\alpha_{\xi\xi}}{Le}w(0^+) + \frac{\beta_{\xi\xi}u(R)}{\theta_i}, \qquad \varphi_{\xi\xi\eta} = -\frac{R\alpha_{\xi\xi}}{Le}w_\eta(0^+) + \frac{\beta_{\xi\xi}u_\eta(R)}{\theta_i},$$

$$\varphi_{\xi\eta\eta} = -\frac{R\alpha_\xi}{Le}w_{\eta\eta}(0^+) + \frac{\beta_\xi u_{\eta\eta}(R)}{\theta_i}, \qquad \varphi_{\xi\xi\xi} = -\frac{R\alpha_{\xi\xi\xi}}{Le}w(0^+) + \frac{\beta_{\xi\xi\xi}u(R)}{\theta_i},$$

因此

$$\varphi_\tau(0) = -\frac{R}{Le}w_\tau(0^+), \qquad \varphi_\tau(R^+) = \frac{u_\tau(R^+)}{\theta_i}, \qquad \varphi(0) = -\frac{R}{Le}w(0^+), \qquad \varphi(R^+) = \frac{u(R^+)}{\theta_i},$$

$$\varphi_\eta(0) = -\frac{R}{Le}w_\eta(0^+), \qquad \varphi_\eta(R) = \frac{u_\eta(R)}{\theta_i}, \qquad \varphi_{\eta\eta}(0) = -\frac{R}{Le}w_{\eta\eta}(0^+), \qquad \varphi_{\eta\eta}(R) = \frac{u_{\eta\eta}(R)}{\theta_i},$$

$$\varphi_\xi(0) = \varphi_\xi(R) = \varphi_{\tau\xi}(0) = \varphi_{\tau\xi}(R) = \varphi_{\xi\eta}(0) = \varphi_{\xi\eta}(R) = \varphi_{\xi\xi}(0) = \varphi_{\xi\xi}(R) = 0,$$

$$\varphi_{\xi\xi\eta}(0) = \varphi_{\xi\xi\eta}(R) = \varphi_{\xi\eta\eta}(0) = \varphi_{\xi\eta\eta}(R) = \varphi_{\xi\xi\xi}(0) = \varphi_{\xi\xi\xi}(R) = 0.$$

又由于

$$\Theta_{\xi\xi}^{(0)}(R^+) = \theta_i, \quad \Theta_{\xi\xi\xi}^{(0)}(R^+) = -\theta_i, \quad \Phi_{\xi\xi}^{(0)}(0^+) = \frac{Le}{R}, \quad \Phi_{\xi\xi\xi}^{(0)}(0^+) = \frac{-Le^2}{R}, \quad \Phi_{\xi\xi\xi\xi}^{(0)}(0^+) = \frac{Le^3}{R},$$

因此

$$\mathscr{F}_2(u, w)(R^+) = \{\varphi_\eta^2(-\varphi\theta_i - \theta_i + u_{\xi\xi}) - \varphi_{\eta\eta}(\varphi\theta_i + u_\xi) - 2\varphi_\eta u_{\xi\eta}\}_{\xi=R^+}, \qquad (4.70)$$

$$\mathscr{G}_3(u, w)(0^+) = \left\{\frac{-\varphi_{\eta\eta}w_\xi - 2\varphi_\eta w_{\xi\eta} + \varphi_\eta^2 w_{\xi\xi} + \dfrac{\varphi\varphi_{\eta\eta}Le^2 + \varphi_\eta^2(\varphi Le^3 + Le^2)}{R}}{Le}\right\}_{\xi=0^+}, \qquad (4.71)$$

$$u_\tau(R^+) = \frac{u_\xi(R) + u_{\xi\xi}(R^+) + u_{\eta\eta}(R) + \mathscr{F}_2(u, w)(R^+)}{1 - \dfrac{u(R) + u_\xi(R)}{\theta_i}}$$

$$= \left\{\frac{(1 - \varphi_{\eta\eta})u_\xi + (1 + \varphi_\eta^2)u_{\xi\xi} + u_{\eta\eta} - 2\varphi_\eta u_{\xi\eta} - \theta_i(1 + \varphi)\varphi_\eta^2 - \theta_i\varphi\varphi_{\eta\eta}}{1 - \dfrac{u + u_\xi}{\theta_i}}\right\}_{\xi=R^+}, \qquad (4.72)$$

$$w_\tau(0^+) = \frac{Lew_\xi(0^+) + w_{\xi\xi}(0^+) + w_{\eta\eta}(0^+) + Le\mathscr{G}_3(u, w)(0^+)}{Le + R(w_\xi(0^+) + Lew(0^+))}$$

$$= \left\{\frac{(Le - \varphi_{\eta\eta})w_\xi + (1 + \varphi_\eta^2)w_{\xi\xi} + w_{\eta\eta} - 2\varphi_\eta w_{\xi\eta} + \dfrac{\varphi\varphi_{\eta\eta}Le^2 + \varphi_\eta^2(\varphi Le^3 + Le^2)}{R}}{Le + R(w_\xi + Lew)}\right\}_{\xi=0^+}, \qquad (4.73)$$

$$\varphi_\tau = -\alpha \left\{ \frac{R((Le-\varphi_{\eta\eta})w_\xi + (1+\varphi_\eta^2)w_{\xi\xi} + w_{\eta\eta} - 2\varphi_\eta w_{\xi\eta}) + \varphi\varphi_{\eta\eta}Le^2 + \varphi_\eta^2(\varphi Le^3 + Le^2)}{Le(Le + Rw_\xi + RLew)} \right\}_{\xi=0^+},$$
$$(4.74)$$

$$\varphi_{\tau\xi} = -\alpha_\xi \left\{ \frac{R((Le-\varphi_{\eta\eta})w_\xi + (1+\varphi_\eta^2)w_{\xi\xi} + w_{\eta\eta} - 2\varphi_\eta w_{\xi\eta}) + \varphi\varphi_{\eta\eta}Le^2 + \varphi_\eta^2(\varphi Le^3 + Le^2)}{Le(Le + Rw_\xi + RLew)} \right\}_{\xi=0^+}$$
$$+ \beta_\xi \left\{ \frac{(1-\varphi_{\eta\eta})u_\xi + (1+\varphi_\eta^2)u_{\xi\xi} + u_{\eta\eta} - 2\varphi_\eta u_{\xi\eta} - \theta_i(1+\varphi)\varphi_\eta^2 - \theta_i\varphi\varphi_{\eta\eta}}{\theta_i - u - u_\xi} \right\}_{\xi=R^+}.$$
$$(4.75)$$

最终，我们得出了完全非线性方程组(4.44)：

$$\begin{cases} u_\tau = u_\xi + u_{\xi\xi} + u_{\eta\eta} + \varphi_\tau \mathcal{F}_1 + \mathcal{F}_2, & \text{in } \Omega, \\ w = 0, & \text{in } \Omega_-, \\ w_\tau = w_\xi + \dfrac{1}{Le}(w_{\xi\xi} + w_{\eta\eta}) + \varphi_\tau \mathcal{G}_1 + \varphi_{\tau\xi}\mathcal{G}_2 + \mathcal{G}_3, & \text{in } \Omega_0 \cup \Omega_+ \end{cases}$$

和非线性边界条件(4.64)：

$$\begin{cases} [u]_0 = 0, \ [Leu_\xi]_0 + w(0^+) = 0, \ Lew(0^+) + w_\xi(0^+) = \dfrac{-LeRw_\eta^2(0^+)}{Le^2 + R^2w_\eta^2(0^+)}, \\ [u]_R = 0, \ u(R) + \theta_iR[u_\xi]_R = 0, \ [Leu_\xi + w]_R = 0, \ Le[w]_R + [w_\xi]_R = \dfrac{Leu_\eta^2(R)}{R(\theta_i^2 + u_\eta^2(R))}. \end{cases}$$

第5章 燃烧模型的线性稳定性分析与数值模拟

本章我们将针对第4章所推导的关于扰动量的控制方程，开展一般的线性稳定性分析以及数值模拟研究.

5.1 线性化的方程组

由物理问题的平移不变性以及渐进相的轨道稳定性知，平面火焰锋的稳定性等价于线性方程组(5.1)在边界条件(4.63)下的平凡解 ($u = 0$, $w = 0$) 的稳定性[121].

5.1.1 线性系统

我们所讨论的稳定性分析简化为线性系统

$$\begin{cases} u_\tau = u_\xi + u_{\xi\xi} + u_{\eta\eta}, & \text{in} \quad \Omega, \\ w = 0, & \text{in} \quad \Omega_-, \\ w_\tau = w_\xi + \dfrac{1}{Le}(w_{\xi\xi} + w_{\eta\eta}), & \text{in} \quad \Omega_0 \cup \Omega_+ \end{cases} \tag{5.1}$$

在边界 $\xi = 0$ 和 $\xi = R$：

$$\begin{cases} [u]_0 = 0, \ [Leu_\xi]_0 + w(0^+) = 0, & Lew(0^+) + w_\xi(0^+) = 0 \\ [u]_R = 0, \ u(R) + \theta_i R [u_\xi]_R = 0, \ [Leu_\xi + w]_R = 0, & [Lew + w_\xi]_R = 0 \end{cases} \tag{5.2}$$

处(4.63)的平凡解稳定性分析.

5.1.2 解析半群

为了更为抽象化，我们定义算子 $\mathscr{L}$ 为

$$\mathscr{L}\boldsymbol{u} = (\Delta u + u_x, \ Le^{-1}\Delta v + v_x),$$

函数对 $\boldsymbol{u} = (u, v)$ 构成空间 $\mathscr{X}$，且满足

$$\boldsymbol{u} \in C((-\infty, 0] \times [-\ell/2, \ell/2]) \cap C([0, R] \times [-\ell/2, \ell/2])$$
$$\cap C([R, +\infty) \times [-\ell/2, \ell/2]),$$

构造范数

$$\|\boldsymbol{u}\|_{\mathscr{X}} = \sup_{(x, y) \in (-\infty, 0] \times [-\ell/2, \ell/2]} |\mathrm{e}^{-x/2} u(x, y)| + \|\boldsymbol{u}\|_{C([0, R]; \mathbb{R}^2)}$$
$$+ \sup_{(x, y) \in [0, +\infty) \times [-\ell/2, \ell/2]} |\mathrm{e}^{-x/2} v(x, y)| + \sup_{(x, y) \in [0, +\infty) \times [-\ell/2, \ell/2]} |\mathrm{e}^{-x/2} v(x, y)| < +\infty,$$

则有以下定理成立.

定理 5.1　假设:

$$D(L) = \left\{ \boldsymbol{u} \in \mathscr{X} : \boldsymbol{u} \in \bigcap_{p < +\infty} W_{\mathrm{loc}}^{2,p}(((0, R) \cup (R, +\infty)) \times (-\ell/2, \ell/2) ; \mathbb{R}^2), \right.$$

$$\left. \boldsymbol{u} \in \bigcap_{p < +\infty} W_{\mathrm{loc}}^{2,p}((-\infty, 0)) : \mathscr{L}\boldsymbol{u} \in \mathscr{X} \right\}$$

则 L 生成 $\mathscr{X}$ 内的解析半群. 其连续谱由 $\sigma_{1k}(L) = \{ \Lambda \in \mathbb{C} : 1 + 4\lambda_k + 4\Lambda \leqslant 0 \}$ 和 $\sigma_{2k}(L) = \{ \Lambda \in \mathbb{C} : Le^2 + 4\lambda_k + 4Le\Lambda \leqslant 0 \}$ 的并集构成 ($k \in \mathbb{N}$), 其中, $-\lambda_k = -[4(k/2)\pi]^2/\ell^2$, $k \in \mathbb{N}$ 为一维 Laplace 算子在区间 $\left(-\dfrac{\ell}{2}, \dfrac{\ell}{2}\right)$ 周期边界条件下的特征值; 点谱由以下色散关系式的根的并集构成

$$\mathscr{D}_k(\Lambda) = (Le - Y_k)\left(\exp \frac{R(Le - 1 - X_k - Y_k)}{2} - 1 + \theta_i R X_k \right),$$

其中,

$$X_k = \sqrt{1 + 4\lambda_k + 4\Lambda}, \qquad Y_k = \sqrt{Le^2 + 4\lambda_k + 4Le\Lambda}, \qquad k \in \mathbb{N}.$$

证明　我们固定 $\Lambda \in \mathbb{C}$, $\boldsymbol{f} \in \mathscr{X}$, 考虑椭圆系统

$$\Lambda \boldsymbol{u} - \mathscr{L}\boldsymbol{u} = \boldsymbol{f}.$$

首先, 针对系统

$$\begin{cases} \Lambda u - u_\xi - u_{\xi\xi} - u_{\eta\eta} = f_1, \\ Le\Lambda w - Leu_\xi - w_{\xi\xi} - u_{\eta\eta} = f_2 \end{cases} \tag{5.3}$$

及其关于 η 的离散 Fourier 变换

$$\begin{cases} \Lambda \hat{u} - \hat{u}_\xi - \hat{u}_{\xi\xi} + \lambda_k \hat{u} = \hat{f}_1, \\ Le\Lambda \hat{w} - Le\hat{w}_\xi - \hat{w}_{\xi\xi} + \lambda_k \hat{w} = \hat{f}_2, \end{cases} \tag{5.4}$$

其中, $\lambda_0 = 0$.

先针对 $\hat{u}$, 我们在空间 $X := \{ f \in C^2(\mathbb{R}) : f/p \in C_b(\mathbb{R}) \}$ 中求解, 其中 $p(x) = \exp(x/2)$.

经过计算, 得到

$$\hat{u}(\tau, \xi, k) = \begin{cases} X_k^{-1} e^{\nu_{1k}\xi} \int_{-\infty}^{\xi} e^{-\nu_{1k}s} \hat{f}(s, k)\,\mathrm{d}s + \left(c_1 - X_k^{-1} \int_0^{\xi} e^{-\nu_{2k}s} \hat{f}(s, k)\,\mathrm{d}s \right) e^{\nu_{2k}\xi}, & \xi < 0, \\[3mm] \left(c_2 + X_k^{-1} \int_0^{\xi} e^{-\nu_{1k}s} \hat{f}(s, k)\,\mathrm{d}s \right) e^{\nu_{1k}\xi} + \left(c_3 - X_k^{-1} \int_0^{\xi} e^{-\nu_{2k}s} \hat{f}(s, k)\,\mathrm{d}s \right) e^{\nu_{2k}\xi}, & \xi \in (0, R), \\[3mm] \left(c_4 + X_k^{-1} \int_0^{\xi} e^{-\nu_{1k}s} \hat{f}(s, k)\,\mathrm{d}s \right) e^{\nu_{1k}\xi} + X_k^{-1} \left(\int_{\xi}^{+\infty} e^{-\nu_{2k}s} \hat{f}(s, k)\,\mathrm{d}s \right) e^{\nu_{2k}\xi}, & \xi > R, \end{cases}$$

其中, $k \in \mathbb{N}$, c_1, c_2, c_3, c_4 为根据边界条件确定的系数,

$$X_k = \sqrt{1 + 4\lambda_k + 4\Lambda}, \qquad \nu_{1k} = -\frac{1}{2} - \frac{1}{2}X_k, \qquad \nu_{2k} = -\frac{1}{2} + \frac{1}{2}X_k.$$

用类似办法可以解出 $\hat{w}$：

$$\hat{w}(\tau, \xi, k)$$

$$= \begin{cases} \left(d_1 + Y_k^{-1}\int_0^\xi e^{-\mu_{1k}s}\hat{g}(s, k)\,\mathrm{d}s\right)e^{\mu_{1k}\xi} + \left(d_2 - Y_k^{-1}\int_0^\xi e^{-\mu_{2k}s}\hat{g}(s, k)\,\mathrm{d}s\right)e^{\mu_{2k}\xi}, & \xi \in (0, R), \\ \left(d_3 + Y_k^{-1}\int_0^\xi e^{-\mu_{1k}s}\hat{g}(s, k)\,\mathrm{d}s\right)e^{\mu_{1k}\xi} + Y_k^{-1}\left(\int_\xi^{+\infty}e^{-\mu_{2k}s}\hat{g}(s, k)\,\mathrm{d}s\right)e^{\mu_{2k}\xi}, & \xi > R, \end{cases}$$

其中，d_1，d_2，d_3 为待定系数，

$$Y_k = \sqrt{Le^2 + 4\lambda_k + 4Le\Lambda}, \qquad \mu_{1k} = -\frac{Le}{2} - \frac{1}{2}Y_k, \qquad \mu_{2k} = -\frac{Le}{2} + \frac{1}{2}Y_k.$$

根据上述方程和边界条件可以得出以下 7 个方程：

(1) $[u]_0 = 0$，

$$-c_1 + c_2 + c_3 = X_k^{-1}\int_{-\infty}^0 e^{-\nu_{1k}s}\hat{f}(s, k)\,\mathrm{d}s,$$

(2) $[u]_R = 0$，

$$c_2 e^{\nu_{1k}R} + c_3 e^{\nu_{2k}R} - c_4 e^{\nu_{1k}R} = e^{\nu_{2k}R}X_k^{-1}\int_0^{+\infty} e^{-\nu_{2k}s}\hat{f}(s, k)\,\mathrm{d}s,$$

(3) $[Le[u_\xi]_0 + w(0^+) = 0]$，

$$-Le\nu_{2k}c_1 + Le\nu_{1k}c_2 + Le\nu_{2k}c_3 + d_1 + d_2 = Le\nu_{1k}X_k^{-1}\int_{-\infty}^0 e^{-\nu_{1k}s}\hat{f}(s, k)\,\mathrm{d}s,$$

(4) $Lew(0^+) + w_\xi(0^+) = 0$，

$$(Le + \mu_{1k})d_1 + (Le + \mu_{2k})d_2 = 0,$$

(5) $u(R) + \theta_i R[u_\xi]_R = 0$，

$$-\theta_i R\nu_{1k}c_2 e^{\nu_{1k}R} - \theta_i R\nu_{2k}c_3 e^{\nu_{2k}R} + (1 + \theta_i R\nu_{1k})c_4 e^{\nu_{1k}R}$$

$$= -\nu_{2k}\theta_i Re^{\nu_{2k}R}X_k^{-1}\int_0^{+\infty} e^{-\nu_{2k}s}\hat{f}(s, k)\,\mathrm{d}s$$

$$- e^{\nu_{1k}R}X_k^{-1}\int_0^R e^{-\nu_{1k}s}\hat{f}(s, k)\,\mathrm{d}s - e^{\nu_{2k}R}X_k^{-1}\int_R^{+\infty} e^{-\nu_{2k}s}\hat{f}(s, k)\,\mathrm{d}s,$$

(6) $[(Le)u_\xi + w]_R = 0$，

$$-Le\nu_{1k}c_2 e^{\nu_{1k}R} - Le\nu_{2k}c_3 e^{\nu_{2k}R} + Le\nu_{1k}c_4 e^{\nu_{1k}R} - d_1 e^{\mu_{1k}R} - d_2 e^{\mu_{2k}R} + d_3 e^{\mu_{1k}R}$$

$$= -Le\nu_{2k}e^{\nu_{2k}R}X_k^{-1}\int_0^{+\infty} e^{-\nu_{2k}s}\hat{f}(s, k)\,\mathrm{d}s - e^{\mu_{2k}R}Y_k^{-1}\int_0^{+\infty} e^{-\mu_{2k}s}\hat{g}(s, k)\,\mathrm{d}s,$$

(7) $[(Le)w + w_\xi]_R = 0$，

$$-(Le + \mu_{1k})d_1 e^{\mu_{1k}R} - (Le + \mu_{2k})d_2 e^{\mu_{2k}R} + (Le + \mu_{1k})d_3 e^{\mu_{1k}R}$$

$$= -(\mu_{2k} + Le)e^{\mu_{2k}R}Y_k^{-1}\int_0^{+\infty} e^{-\mu_{2k}s}\hat{g}(s, k)\,\mathrm{d}s.$$

上述方程组的判别式为

$$\mathscr{D}_\lambda = -\frac{1}{2}\exp(-R(1 + Le))LeX_kY_k(Le - Y_k)\left[\exp\left(\frac{R}{2}(Le - 1 - X_k - Y_k)\right) - 1 + \theta_i RX_k\right].$$

如果 $\mathcal{D}_\lambda \neq 0$，便可以得出

$$c_1 = \frac{Le\,(e^{(-1+\nu_{1k}+\mu_{1k})R} - e^{(-Le+2\nu_{1k})R})Y_k(Le - Y_k)}{2\mathcal{D}_\lambda} \int_{-\infty}^{0} e^{-\nu_{1k}s}\hat{f}(s,\ k)\,\mathrm{d}s$$

$$- X_k^{-1}\int_0^{+\infty} e^{-\nu_{2k}s}\hat{f}(s,\ k)\,\mathrm{d}s$$

$$+ \frac{Le\,(e^{(-1+\nu_{1k}+\mu_{1k})R} - e^{\frac{1}{2}(-Le+4\nu_{1k})R})Y_k(Le - Y_k)}{2\mathcal{D}_\lambda}\int_0^{R} e^{-\nu_{1k}s}\hat{f}(s,\ k)\,\mathrm{d}s$$

$$+ \frac{Le\,e^{(1+\mu_{1k})R}(e^{\nu_{2k}R} - e^{\mu_{2k}R})Y_k(Le - Y_k)}{2\mathcal{D}_\lambda}\int_R^{+\infty} e^{-\nu_{2k}s}\hat{f}(s,\ k)\,\mathrm{d}s$$

$$- \frac{\mu_{2k}e^{(-Le+\nu_{1k})R}[e^{\nu_{2k}R}(-1+\theta_i RX_k) + e^{\nu_{1k}R}]Y_k}{\mathcal{D}_\lambda}\int_0^{+\infty} e^{-\mu_{2k}s}\hat{g}(s,\ k)\,\mathrm{d}s,$$

$$c_2 = -\frac{Le\,e^{(1+Le)R}(-1+\theta_i RX_k)Y_k(Le - Y_k)}{2\mathcal{D}_\lambda}\int_{-\infty}^{0} e^{-\nu_{1k}s}\hat{f}(s,\ k)\,\mathrm{d}s$$

$$+ \frac{Le\,e^{(1+\nu_{1k}+\mu_{1k})R}Y_k(Le - Y_k)}{2\mathcal{D}_\lambda}\int_0^{R} e^{-\nu_{1k}s}\hat{f}(s,\ k)\,\mathrm{d}s$$

$$+ \frac{Le\,e^{(1+\nu_{2k}+\mu_{1k})R}Y_k(Le - Y_k)}{2\mathcal{D}_\lambda}\int_R^{+\infty} e^{-\nu_{2k}s}\hat{f}(s,\ k)\,\mathrm{d}s$$

$$+ \frac{\mu_{2k}e^{(1+Le)R}(-1+\theta_i RX_k)Y_k}{\mathcal{D}_\lambda}\int_0^{+\infty} e^{-\mu_{2k}s}\hat{g}(s,\ k)\,\mathrm{d}s,$$

$$c_3 = -\frac{Le\,e^{(2\nu_{1k}+Le)R}Y_k(Le - Y_k)}{2\mathcal{D}_\lambda}\int_{-\infty}^{0} e^{-\nu_{1k}s}\hat{f}(s,\ k)\,\mathrm{d}s$$

$$- X_k^{-1}\int_0^{+\infty} e^{-\nu_{2k}s}\hat{f}(s,\ k)\,\mathrm{d}s - \frac{e^{(2\nu_{1k}+Le)R}Y_k(Le - Y_k)}{2\mathcal{D}_\lambda}\int_0^{R} e^{-\nu_{1k}s}\hat{f}(s,\ k)\,\mathrm{d}s$$

$$- \frac{e^{(1+Le)R}Y_k(Le - Y_k)}{2\mathcal{D}_\lambda}\int_R^{+\infty} e^{-\nu_{2k}s}\hat{f}(s,\ k)\,\mathrm{d}s$$

$$+ \frac{\mu_{2k}e^{(2\nu_{1k}+Le)R}Y_k}{\mathcal{D}_\lambda}\int_0^{+\infty} e^{-\mu_{2k}s}\hat{g}(s,\ k)\,\mathrm{d}s,$$

$$c_4 = -\frac{Le\,\theta_i Re^{(1+Le)R}X_kY_k(Le - Y_k)}{2\mathcal{D}_\lambda}\int_{-\infty}^{0} e^{-\nu_{1k}s}\hat{f}(s,\ k)\,\mathrm{d}s$$

$$- \frac{Le\,(e^{(1-Le)R} - e^{(1+\nu_{1k}+\mu_{1k})R})Y_k(Le - Y_k)}{2\mathcal{D}_\lambda}\int_0^{R} e^{-\nu_{1k}s}\hat{f}(s,\ k)\,\mathrm{d}s$$

$$- \frac{Le\,(e^{(2\nu_{2k}-Le)R} - e^{(-1+\nu_{2k}+\mu_{1k})R})Y_k(Le - Y_k)}{2\mathcal{D}_\lambda}\int_R^{+\infty} e^{-\nu_{2k}s}\hat{f}(s,\ k)\,\mathrm{d}s$$

$$+ \frac{\mu_{2k}\theta_i Re^{(1+Le)R}X_kY_k}{\mathcal{D}_\lambda}\int_0^{+\infty} e^{-\mu_{2k}s}\hat{g}(s,\ k)\,\mathrm{d}s,$$

$$d_1 = \frac{Le^2 e^{(1+\nu_{1k}+\mu_{1k})R}X_k(Le^2 - Y_k^2)}{4\mathcal{D}_\lambda}\int_{-\infty}^{0} e^{-\nu_{1k}s}\hat{f}(s,\ k)\,\mathrm{d}s$$

$$+ \frac{Le^2 e^{(1+\nu_{1k}+\mu_{1k})R} X_k (Le^2 - Y_k^2)}{4\mathscr{D}_\lambda} \int_0^R e^{-\nu_{1k}s} \hat{f}(s, k) \, \mathrm{d}s$$

$$+ \frac{Le^2 e^{(1+\nu_{2k}+\mu_{1k})R} X_k (Le^2 - Y_k^2)}{4\mathscr{D}_\lambda} \int_R^{+\infty} e^{-\nu_{2k}s} \hat{f}(s, k) \, \mathrm{d}s$$

$$+ \frac{Le \, \mu_{2k} e^{(1+Le)R} (-1 + \theta_i RX_k) X_k (Le + Y_k)}{4\mathscr{D}_\lambda} \int_0^{+\infty} e^{-\mu_{2k}s} \hat{g}(s, k) \, \mathrm{d}s,$$

$$d_2 = - \frac{Le^2 e^{(1+\nu_{1k}+\mu_{1k})R} X_k (Le - Y_k)^2}{4\mathscr{D}_\lambda} \int_{-\infty}^0 e^{-\nu_{1k}s} \hat{f}(s, k) \, \mathrm{d}s$$

$$- \frac{Le^2 e^{(1+\nu_{1k}+\mu_{1k})R} X_k (Le - Y_k)^2}{4\mathscr{D}_\lambda} \int_0^R e^{-\nu_{1k}s} \hat{f}(s, k) \, \mathrm{d}s$$

$$- \frac{Le^2 e^{(1+\nu_{2k}+\mu_{1k})R} X_k (Le - Y_k)^2}{4\mathscr{D}_\lambda} \int_R^{+\infty} e^{-\nu_{2k}s} \hat{f}(s, k) \, \mathrm{d}s$$

$$- \frac{\mu_{2k} Lee^{(1+Le)R} [-1 + \theta_i RX_k] X_k (Le - Y_k)}{2\mathscr{D}_\lambda} \int_0^{+\infty} e^{-\mu_{2k}s} \hat{g}(s, k) \, \mathrm{d}s,$$

$$d_3 = \frac{Le^2 e^{(1+\nu_{1k})R} (e^{\mu_{1k}R} - e^{\mu_{2k}R}) X_k (Le^2 - Y_k^2)}{4\mathscr{D}_\lambda} \int_{-\infty}^0 e^{-\nu_{1k}s} \hat{f}(s, k) \, \mathrm{d}s$$

$$+ \frac{Le^2 e^{(1+\nu_{1k})R} (e^{\mu_{1k}R} - e^{\mu_{2k}R}) X_k (Le + \mu_{1k}) (Le + \mu_{2k})}{\mathscr{D}_\lambda} \int_0^R e^{-\nu_{1k}s} \hat{f}(s, k) \, \mathrm{d}s$$

$$+ \frac{Le^2 e^{(1+\nu_{2k})R} (e^{\mu_{1k}R} - e^{\mu_{2k}R}) X_k (Le + \mu_{1k}) (Le + \mu_{2k})}{\mathscr{D}_\lambda} \int_R^{+\infty} e^{-\nu_{2k}s} \hat{f}(s, k) \, \mathrm{d}s$$

$$+ \frac{\mu_{2k} Lee^{(1+\mu_{2k})R} [e^{\mu_{1k}R} (-1 + \theta_i RX_k) + e^{\nu_{1k}R}] X_k (Le + \mu_{2k})}{\mathscr{D}_\lambda} \int_0^{+\infty} e^{-\mu_{2k}s} \hat{g}(s, k) \, \mathrm{d}s.$$

证明完毕.

5.1.3 色散关系式的求解

对于任意 $k \geq 1$, 我们考虑当 $\Lambda = 0$ 为特征根的情形, 即

$$\mathscr{D}_k(0) = \exp \frac{R(Le - 1 - X_k - Y_k)}{2} - 1 + \theta_i RX_k = 0,$$

其中

$$X_k = \sqrt{1 + 4\lambda_k}, \quad Y_k = \sqrt{Le^2 + 4\lambda_k}.$$

定义 5.2 关系式

$$\exp \frac{R(Le - 1 - X_k - Y_k)}{2} - 1 + \theta_i RX_k = 0 \tag{5.5}$$

被称为色散关系式(Dispersion Relation).

显然, 对于固定的 $k \geq 1$ 来说, $\mathscr{D}_k(0) = \mathscr{D}_k(0, Le)$ 为关于 Lewis 数的函数. 我们定义所有满足下列关系的 Lewis 值, 称为 Lewis 阈值 $Le_c(k)$.

$$\mathscr{D}_k(0, Le_c(k)) = 0.$$

由此便得出

$$Le_c(k) = 1 + X_k + Y_k + \frac{2\ln(1 - \theta_i R X_k)}{R}$$

$$= \frac{(1 + X_k)\left(1 + \dfrac{2\ln(1 - \theta_i R X_k)}{R}\right) + \dfrac{2\ln^2(1 - \theta_i R X_k)}{R^2}}{1 + X_k + \dfrac{2\ln(1 - \theta_i R X_k)}{R}}. \tag{5.6}$$

根据函数 $k \mapsto X_k$ 和 $k \mapsto \ln(1 - \theta_i R X_k)$ 的二阶 Taylor 展开式，可得

$$X_k = 1 + \frac{8k^2\pi^2}{\ell^2} + \cdots, \quad \ln(1 - \theta_i R X_k) = -R + \frac{8k^2\pi^2(1 - e^R)}{\ell^2} + \cdots$$

进一步可得

$$Le_c(k) = Le_0 - \frac{16k^2\pi^2\theta_i e^R(\theta_i e^R - 1)}{2\theta_i e^R - 1}\ell^{-2} + \cdots \tag{5.7}$$

其中[52]，

$$Le_0 = \frac{1}{2\theta_i e^R - 1} = \frac{R}{2e^R - R - 2}. \tag{5.8}$$

从以上关系式可以看出：对于很小的带宽 ℓ 而言，燃烧火焰锋是稳定的，当带宽 ℓ 逐渐增大时，便出现不稳定模式，不稳定模式数量也随之增加，逐渐地，燃烧火焰锋的不稳定样式将变得越来越丰富了.

显然，$1 - R\theta_i X_k$ 应该为非负值，进一步便可推出满足条件的 k 仅有限个，不妨设 $k = 1, \cdots, K_1$[如图 5.1(a)：$\ell = 100$，$\theta_i = 0.75$，$K_1 = 15$].

由于 $0 < Le_0 < 1$，容易找到满足 $0 < Le_c(k) < 1$ 条件下的模式 $k \in [1, K_2]$，$1 < K_2 < K_1$[如图 5.1(b)，$K_2 = 8$].

因此，只要 ℓ 充分大，便存在满足条件的模式 k.

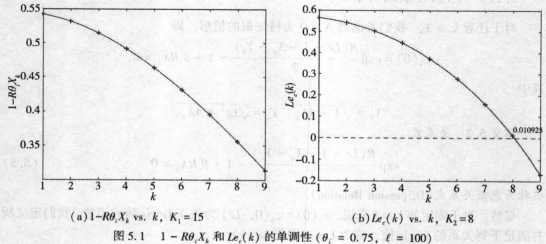

(a) $1 - R\theta_i X_k$ vs. k，$K_1 = 15$ (b) $Le_c(k)$ vs. k，$K_2 = 8$

图 5.1 $1 - R\theta_i X_k$ 和 $Le_c(k)$ 的单调性（$\theta_i = 0.75$，$\ell = 100$）

图 5.1(b)展现了 $Le_c(k)$ 随着 k 增加而单调递减的性质，该单调性是一般性的，我们将之归纳为如下命题.

命题 5.3 固定 $0 < \theta_i < 1$，当 ℓ 充分大时，$k = 1, \cdots, \overline{K}$，便有
$$Le_c(1) > Le_c(2) > \cdots > Le_c(\overline{K}).$$

证明 首先，我们已有如下的性质：
$$\theta_i R = 1 - e^{-R}, \quad e^R - 1 > R > 0,$$
$$\theta_i > 1 - \theta_i R > (1 - \theta_i R)X_k > 0,$$
$$\theta_i R e^R = e^R - 1 > R, \quad \theta_i e^R > 1.$$

针对式(5.6)，关于 λ_k 求导，得出
$$\frac{\mathrm{d}Le_c}{\mathrm{d}\lambda_k} = \frac{\mathrm{d}X_k}{\mathrm{d}\lambda_k} + \frac{\mathrm{d}Y_k}{\mathrm{d}\lambda_k} + \frac{2}{R}\frac{\mathrm{d}(\ln(1 - \theta_i R X_k))}{\mathrm{d}\lambda_k},$$
因此
$$\left(1 - \frac{Le_c}{\sqrt{(Le_c)^2 + 4\lambda_k}}\right)\frac{\mathrm{d}Le_c}{\mathrm{d}\lambda_k} = \frac{2}{\sqrt{(Le_c)^2 + 4\lambda_k}} + \frac{2}{\sqrt{1 + 4\lambda_k}}\left(1 - \frac{2\theta_i}{1 - \theta_i R X_k}\right),$$
利用
$$\sqrt{1 + 4\lambda_k} > \sqrt{(Le_c)^2 + 4\lambda_k},$$
便有
$$\left(\frac{\sqrt{(Le_c)^2 + 4\lambda_k} - Le_c}{\sqrt{(Le_c)^2 + 4\lambda_k}}\right)\frac{\mathrm{d}Le_c}{\mathrm{d}\lambda_k} < \frac{2}{\sqrt{(Le_c)^2 + 4\lambda_k}}\left(2 - \frac{2\theta_i}{1 - \theta_i R X_k}\right),$$
进一步简化为
$$\left(\sqrt{(Le_c)^2 + 4\lambda_k} - Le_c\right)\frac{\mathrm{d}Le_c}{\mathrm{d}\lambda_k} < 4\left(1 - \frac{\theta_i}{1 - \theta_i R X_k}\right) < 4\left(1 - \frac{\theta_i}{1 - \theta_i R}\right).$$

因为
$$\frac{\theta_i}{1 - \theta_i R} = \frac{1 - e^{-R}}{Re^{-R}} = \frac{e^R - 1}{R} > 1,$$
所以得出
$$\frac{\mathrm{d}Le_c(k)}{\mathrm{d}\lambda_k} < 0.$$

证明完毕.

命题 5.3 表明：相应于第一个模式，Lewis 数的阈值 $Le_c(1)$ 能够全局性地控制我们所讨论问题的解的稳定性. 我们记这个特殊的 Lewis 数的阈值 $Le_c(1)$ 为 Le_c^*，以下定理便说明了 Lewis 数和线性稳定性的关系，详细证明请参考文献[121].

定理 5.4　令

$$Le_c^* : = \frac{(1 + X_1)\left(1 + \dfrac{2\ln(1 - \theta_i RX_1)}{R}\right) + \dfrac{2\ln(1 - \theta_i RX_1)}{R^2}}{1 + X_1 + \dfrac{2\ln(1 - \theta_i RX_1)}{R}}, \quad X_1 = \sqrt{1 + \frac{16\pi^2}{\ell^2}},$$

(5.9)

则有：

(1) 当 $Le_c^* < Le < 1$ 时，系统(5.1)、(5.2)的零解是线性渐进稳定的；

(2) 当 $0 < Le < Le_c^*$ 时，系统(5.1)、(5.2)的零解是不稳定的.

注 5.1　色散关系式(5.5)

$$1 - R\theta_i X_k - \exp\frac{R(Le - 1 - X_k - Y_k)}{2} = 0,$$

(5.10)

与文献[52]中的方程式(42)，在整个二维空间下获得的色散关系非常相似.

注 5.2　当固定 $\theta_i \in (0, 1)$ 时，根据式(5.7)和式(5.9)，有

$$Le_c^* = Le_0 - \frac{16\pi^2 \theta_i e^R(\theta_i e^R - 1)}{2\theta_i e^R - 1}\ell^{-2} + \cdots, \quad \ell \gg 1,$$

因此，可以认为，当 $\ell \to \infty$ 时，以下极限关系成立：

$$\lim_{\ell \to \infty} Le_c^* = Le_0.$$

这点说明，带型区域下的 Lewis 阈值比整个二维空间下的阈值小，并且当带宽 ℓ 增加时，Lewis 阈值能逐渐接近，因此可以作为文献[52]的推广形式.

5.2　线性系统的数值模拟

由于数值计算的需要，我们选取有限区域 $[-A, B]$，$A, B > 0$ 作为无限区域 $(-\infty, +\infty)$ 的近似，即 $\Omega = \Omega_- \cup \Omega_0 \cup \Omega_+$，其中，$\forall \tau > 0$，

$$\Omega_- = \left\{(\xi, \eta) : -A \leqslant \xi < 0, \ -\frac{\ell}{2} < \eta < \frac{\ell}{2}\right\},$$

$$\Omega_0 = \left\{(\xi, \eta) : 0 \leqslant \xi < R, \ -\frac{\ell}{2} < \eta < \frac{\ell}{2}\right\},$$

(5.11)

$$\Omega_+ = \left\{(\xi, \eta) : R \leqslant \xi \leqslant B, \ -\frac{\ell}{2} < \eta < \frac{\ell}{2}\right\}.$$

显然，表达式(5.9)解析地给出了 Lewis 阈值的公式. 另一方面，从数值计算上，我们以

$$u = 10^{-2}(1 + \sin^2(\eta))$$

作为中间计算区域的初始扰动，利用谱方法(详见文献[122])与二分法相结合，得到具有高精度的 Lewis 数阈值，计算结果如表 5.1 所示.

表 5.1   **Lewis 阈值数值结果($\ell=100$，$\Delta t=10^{-3}$)**

ℓ	Le_c^*	Le_{cN}^*	$\lvert Le_c^* - Le_{cN}^* \rvert$
100	0.56405713895272	0.56411427752115	5.7139e-5
80	0.55975912686080	0.55971825304454	4.0873e-5
60	0.55043985063184	0.55047970184152	3.9851e-5
40	0.52356157419241	0.52352314857944	3.8426e-5

本节将详细讨论数值计算部分，首先让我们重写已有线性系统的边界条件(4.63)：

$$\begin{cases} u_1(-A) = u_3(B) = w_3(B) = 0, \ u_1(0^-) = u_2(0^+), \\ w_2(0^+) = Le(u_{1,\xi}(0^-) - u_{2,\xi}(0^+)), \ w_{2,\xi}(0^+) = -Lew_2(0^+), \\ w_{2,\xi}(R^-) = w_{3,\xi}(R^+) + Le(w_3(R^+) - w_2(R^-)), \\ u_{3,\xi}(R^+) = u_{2,\xi}(R^-) - \dfrac{w_3(R^+) - w_2(R^-)}{Le}, \\ u_2(R^-) = -\theta_i R(u_{3,\xi}(R^+) - u_{2,\xi}(R^-)), \\ u_3(R^+) = u_2(R^-), \end{cases} \tag{5.12}$$

然后，针对三个计算区域 Ω 进行坐标变换：

$$\begin{cases} \xi = \dfrac{A}{2}(x-1), \ \eta = \dfrac{\ell}{2\pi}y - \dfrac{\ell}{2}, & (\xi, \eta) \in \Omega_-, \ (x, y) \in \mathbb{D}_-, \\ \xi = \dfrac{R}{2}(x+1), \ \eta = \dfrac{\ell}{2\pi}y - \dfrac{\ell}{2}, & (\xi, \eta) \in \Omega_0, \ (x, y) \in \mathbb{D}_0, \\ \xi = \dfrac{B-R}{2}x + \dfrac{B+R}{2}, \ \eta = \dfrac{\ell}{2\pi}y - \dfrac{\ell}{2}, & (\xi, \eta) \in \Omega_+, \ (x, y) \in \mathbb{D}_+, \end{cases} \tag{5.13}$$

得到以下三个区域：

$\mathbb{D} = \mathbb{D}_- \cup \mathbb{D}_0 \cup \mathbb{D}_+$

$= [-1, 1] \times [0, 2\pi] \cup [-1, 1] \times [0, 2\pi] \cup [-1, 1] \times [0, 2\pi].$

则线性系统(5.1)可表示如下：

(1)对于 $(x, y) \in \mathbb{D}_-$,

$$u_{1,\tau} = \frac{2}{A}u_{1,x} + \frac{4}{A^2}u_{1,xx} + \frac{4\pi^2}{\ell^2}u_{1,yy},$$

$$w_1 = 0.$$

(2)对于 $(x, y) \in \mathbb{D}_0$,

$$u_{2,\tau} = \frac{2}{R}u_{2,x} + \frac{4}{R^2}u_{2,xx} + \frac{4\pi^2}{\ell^2}u_{2,yy},$$

$$w_{2,\tau} = \frac{2}{R}w_{2,x} + \frac{4}{LeR^2}w_{2,xx} + \frac{4\pi^2}{Le\ell^2}w_{2,yy}.$$

（3）对于 $(x, y) \in \mathbb{D}_+$,

$$u_{3, \tau} = \frac{2}{B - R} u_{3, x} + \frac{4}{(B - R)^2} u_{3, xx} + \frac{4\pi^2}{\ell^2} u_{3, yy},$$

$$w_{3, \tau} = \frac{2}{B - R} w_{3, x} + \frac{4}{Le (B - R)^2} w_{3, xx} + \frac{4\pi^2}{Le \ell^2} w_{3, yy}.$$

线性边界条件(4.63)为

$$
\begin{cases}
u_1(-1) = u_3(1) = w_3(1) = 0, \ u_1(1) = u_2(-1), \\
w_2(-1) = \dfrac{2Le}{A} u_{1, x}(1) - \dfrac{2Le}{R} u_{2, x}(-1), \ w_{2, x}(-1) = \dfrac{-LeR}{2} w_2(-1), \\
w_{2, x}(1) = \dfrac{R}{B - R} w_{3, x}(-1) + \dfrac{LeR}{2}(w_3(-1) - w_2(1)), \\
u_{3, x}(-1) = \dfrac{B - R}{R} u_{2, x}(1) - \dfrac{B - R}{2Le}(w_3(-1) - w_2(1)), \\
u_2(1) = \dfrac{-2\theta_i R}{B - R} u_{3, x}(-1) + 2\theta_i u_{2, x}(1), \\
u_3(-1) = u_2(1).
\end{cases}
\tag{5.14}
$$

我们在数值计算时采用离散方法：时间方向向前欧拉显格式；空间 $x \in (-1, 1)$ 方向，Chebyshev 配点法；空间 $y \in (0, 2\pi)$ 方向，离散 Fourier 变换；初始值选取

$$w_2 |_{x=0} = (1 + \sin^2(y)),$$

更确切地说，空间 y 方向的离散 Fourier 变换为

$$u(x, y) = \sum_{k=-N_y/2}^{N_y/2} \hat{u}_k(x) e^{iky}, \quad w(x, y) = \sum_{k=-N_y/2}^{N_y/2} \hat{w}_k(x) e^{iky},$$

则有

$$\partial_{yy} u(x, y) = -\sum_{k=-N_y/2}^{N_y/2} k^2 \hat{u}_k(x) e^{iky}, \quad \partial_{yy} w(x, y) = -\sum_{k=-N_y/2}^{N_y/2} k^2 \hat{w}_k(x) e^{iky}.$$

令 $\{l_j(x)\}_{j=0}^{N_x}$ 为 Lagrange 插值基函数，Chebyshev-Gauss-Lobatto 节点为 $\{x_j\}_{j=0}^{N_x} = \{\cos(j\pi/N_x)\}_{j=0}^{N_x}$，则有

$$\hat{u}_k(x) = \sum_{j=0}^{N_x} \hat{u}_{kj} l_j(x), \quad \hat{w}_k(x) = \sum_{j=0}^{N_x} \hat{w}_{kj} l_j(x).$$

记对应于 $\{x_j\}_{j=0}^{N_x}$ 的 m 阶微分矩阵为 $\boldsymbol{D}^m = d_{ij}^{(m)}$，$i, j = 0, \cdots, N_x$，其中，$d_{ij}^{(m)} = l_j^{(m)}(x_i)$，$l_j(x_i) = \delta_{ij}$，则有

$$\hat{u}_k(x_i) = \sum_{j=0}^{N_x} \hat{u}_{kj} \delta_{ij}, \quad \partial_x \hat{u}_k(x_i) = \sum_{j=0}^{N_x} \hat{u}_{kj} d_{ij}^{(1)}, \quad \partial_{xx} \hat{u}_k(x_i) = \sum_{j=0}^{N_x} \hat{u}_{kj} d_{ij}^{(2)},$$

$$\hat{w}_k(x_i) = \sum_{j=0}^{N_x} \hat{w}_{kj} \delta_{ij}, \quad \partial_x \hat{w}_k(x_i) = \sum_{j=0}^{N_x} \hat{w}_{kj} d_{ij}^{(1)}, \quad \partial_{xx} \hat{w}_k(x_i) = \sum_{j=0}^{N_x} \hat{w}_{kj} d_{ij}^{(2)}.$$

图 5.2~图 5.4 分别列举了线性系统着火界面(a)和跟踪界面(b)在三种不同情形下对应的数值结果：$Le > Le_c^*$（图 5.2），$Le = Le_c^*$（图 5.3）和 $Le < Le_c^*$（图 5.4）。

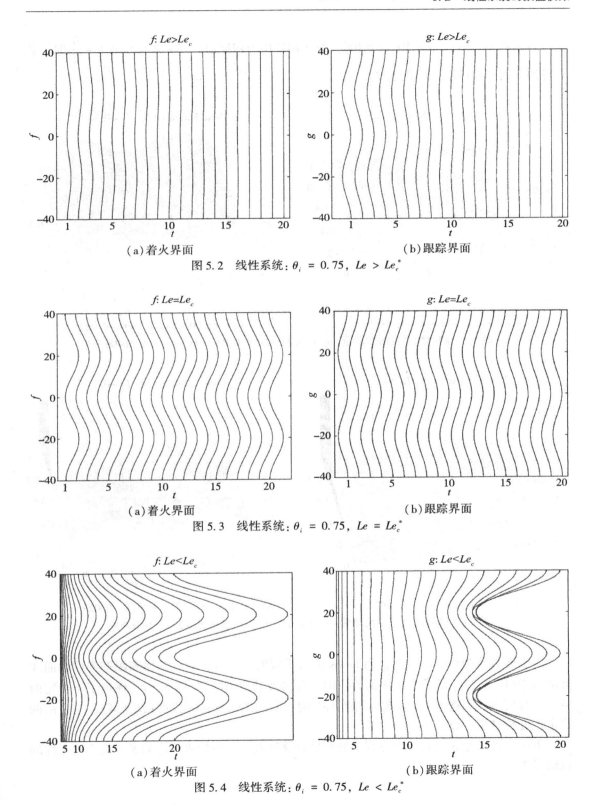

(a)着火界面 (b)跟踪界面

图 5.2　线性系统：$\theta_i = 0.75$，$Le > Le_c^*$

(a)着火界面 (b)跟踪界面

图 5.3　线性系统：$\theta_i = 0.75$，$Le = Le_c^*$

(a)着火界面 (b)跟踪界面

图 5.4　线性系统：$\theta_i = 0.75$，$Le < Le_c^*$

当选取 $\varepsilon = 10^{-2}$，$L = 10$，$\ell = 100$，$\Delta t = 10^{-3}$ 作为初始值，然后关注位置 $\xi = \dfrac{R}{2}$ 时，我们得到下列图形(图 5.5~图 5.7).

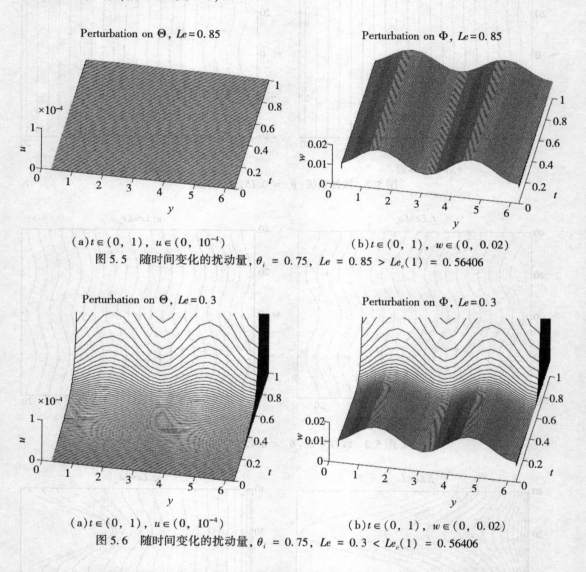

(a) $t \in (0, 1)$，$u \in (0, 10^{-4})$　　　　　(b) $t \in (0, 1)$，$w \in (0, 0.02)$

图 5.5　随时间变化的扰动量，$\theta_i = 0.75$，$Le = 0.85 > Le_c(1) = 0.56406$

(a) $t \in (0, 1)$，$u \in (0, 10^{-4})$　　　　　(b) $t \in (0, 1)$，$w \in (0, 0.02)$

图 5.6　随时间变化的扰动量，$\theta_i = 0.75$，$Le = 0.3 < Le_c(1) = 0.56406$

由上述数值结果可以看出，当 Lewis 数大于阈值 Le_c^* 时，着火界面和跟踪界面的曲线逐渐扁平(图 5.2)；而当小于阈值 Le_c^* 时，曲线波动逐渐剧烈(图 5.3)，体现了不稳定的特征；特别地，当选取 Lewis 数为阈值 Le_c^* 时，曲线能保持初始弧度(图 5.4)，与之前的稳定性分析结果一致.

下一节将讨论完全非线性方程组的数值计算问题，即燃烧火焰锋的非线性不稳定性的数值模拟.

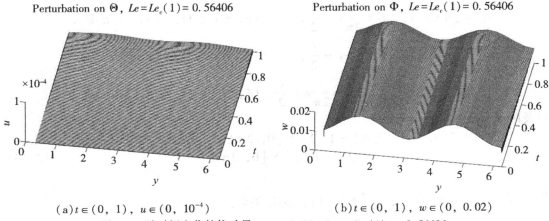

(a) $t \in (0, 1)$, $u \in (0, 10^{-4})$ (b) $t \in (0, 1)$, $w \in (0, 0.02)$

图 5.7 随时间变化的扰动量, $\theta_i = 0.75$, $Le = Le_c(1) = 0.56406$

5.3 非线性系统的数值模拟

由于非线性项部分涉及的计算量比较大, 以下部分将详细列出其计算过程.

5.3.1 磨光函数 $\alpha(\xi)$, $\beta(\xi)$ 及非线性项的表达式

为了方便, 我们选取如下两个梯形函数作为磨光函数 $\alpha(\xi)$ 和 $\beta(\xi)$ (图 5.8):

$$\alpha(\xi) = \begin{cases} 2 + \dfrac{\xi}{\delta}, & -2\delta < \xi < -\delta, \\ 1, & -\delta \leq \xi \leq \delta, \\ 2 - \dfrac{\xi}{\delta}, & \delta < \xi < 2\delta, \\ 0, & \text{其他}, \end{cases} \qquad \beta(\xi) = \begin{cases} 2 + \dfrac{\xi - R}{\delta}, & R - 2\delta < \xi < R - \delta, \\ 1, & R - \delta \leq \xi \leq R + \delta, \\ 2 - \dfrac{\xi - R}{\delta}, & R + \delta < \xi < R + 2\delta, \\ 0, & \text{其他}. \end{cases} \qquad (5.15)$$

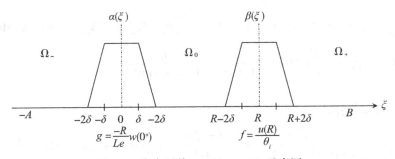

图 5.8 磨光函数: $\alpha(\xi)$, $\beta(\xi)$ 示意图

由于两个磨光函数的加入, 使得着火界面和跟踪界面的邻域内共可以分解为 8 个小区间, 也因此得出如下分段函数的完全非线性项 $\mathcal{F}_1$, $\mathcal{F}_2$, $\mathcal{G}_1$, $\mathcal{G}_2$, $\mathcal{G}_3$, φ_τ, $\varphi_{\tau\xi}$. 回顾坐标变换 (5.13)

$$\begin{cases} \xi = \dfrac{A}{2}(x-1), \ \eta = \dfrac{\ell}{2\pi}y - \dfrac{\ell}{2}, & (\xi,\eta)\in\Omega_-, \ (x,y)\in\mathbb{D}_-, \\[2mm] \xi = \dfrac{R}{2}(x+1), \ \eta = \dfrac{\ell}{2\pi}y - \dfrac{\ell}{2}, & (\xi,\eta)\in\Omega_0, \ (x,y)\in\mathbb{D}_0, \\[2mm] \xi = \dfrac{B-R}{2}x + \dfrac{B+R}{2}, \ \eta = \dfrac{\ell}{2\pi}y - \dfrac{\ell}{2}, & (\xi,\eta)\in\Omega_+, \ (x,y)\in\mathbb{D}_+ \end{cases}$$

以及区域

$$\mathbb{D} = \mathbb{D}_- \cup \mathbb{D}_0 \cup \mathbb{D}_+ = [-1,1]\times[0,2\pi]\cup[-1,1]\times[0,2\pi] \\ \cup [-1,1]\times[0,2\pi], \tag{5.16}$$

有

(1) $\xi\in[-\delta,0]$, $\xi = \dfrac{A}{2}(x-1)$, 满足关系:

$$\alpha = 1, \ \alpha_\xi = 0, \ \partial_\xi = \frac{2}{A}\partial_x, \ \partial_\eta = \frac{2\pi}{\ell}\partial_y, \ \Theta_{\xi\xi}^{(0)} = \Theta_{\xi\xi\xi}^{(0)} = \Phi_{\xi\xi}^{(0)} = \Phi_{\xi\xi\xi}^{(0)} = 0,$$
$$\varphi = \frac{-R}{Le}w(0^+), \ \varphi_\xi = 0, \ \frac{1}{1+\varphi_\xi} = 1, \tag{5.17}$$

$$\mathscr{F}_1(u_1) = \frac{2u_x}{A}, \ \mathscr{F}_2(u_1,w_2) = \frac{8R\pi^2}{ALe\ell^2}\left(w_{yy}(0^+)u_{xx} + w_y(0^+)u_{xy} + \frac{2Rw_y^2(0^+)u_{xx}}{ALe}\right),$$

$$\varphi_\tau(w_2) = \frac{-1}{Le^2 + \dfrac{2RLew_x(0^+)}{A}}\left\{\frac{2R}{A}\left(Lew_x(0^+) + \frac{2w_{xx}(0^+)}{A}\right) + \frac{4R\pi^2}{\ell^2}(R(1-Rw(0^+))w_y^2(0^+)\right.$$
$$+ (1+Rw(0^+))w_{yy}(0^+)) + \frac{8R^2\pi^2}{ALe\ell^2}(w_{yy}(0^+)w_x(0^+) + \frac{2R}{ALe}w_y^2(0^+)w_{xx}(0^+)$$
$$\left. + 2w_y(0^+)w_{xy}(0^+))\right\},$$

$$\mathscr{G}_1 = \mathscr{G}_2 = \mathscr{G}_3 = \varphi_{\tau\xi}\mathscr{G}_2 = 0. \tag{5.18}$$

(2) $\xi\in[-2\delta,-\delta]$, $\xi = \dfrac{A}{2}(x-1)$, 满足关系:

$$\alpha = 2 + \frac{A(x-1)}{2\delta}, \ \alpha_\xi = 1, \ \partial_\xi = \frac{2}{A}\partial_x, \ \partial_\eta = \frac{2\pi}{\ell}\partial_y, \ \Theta_{\xi\xi}^{(0)} = \Theta_{\xi\xi\xi}^{(0)} = \Phi_{\xi\xi}^{(0)} = \Phi_{\xi\xi\xi}^{(0)} = 0,$$
$$\varphi = \frac{-R\alpha}{Le}w(0^+), \ \varphi_\xi = \frac{-R}{Le}w(0^+), \ \frac{1}{1+\varphi_\xi} = \frac{Le}{Le - Rw(0^+)}, \tag{5.19}$$

$$\mathscr{F}_1(u_1,w_2) = \frac{2Leu_x}{ALe - aRw(0^+)},$$

$$\mathscr{F}_2(u_1,w_2) = \frac{1}{Le - Rw(0^+)}\left\{\frac{2Ru_xw(0^+)}{A} + \frac{8\pi^2R\alpha}{A\ell^2}(u_xw_{yy}(0^+) + 2u_{xy}w_y(0^+))\right\}$$
$$+ \frac{Le}{(Le - Rw(0^+))^2}\left\{\frac{16\pi^2R^2\alpha w_y^2(0^+)}{LeA\ell^2}\left(u_x + \frac{\alpha u_{xx}}{A}\right)\right.$$
$$\left. + \frac{4Ru_{xx}w(0^+)}{A^2}\left(2 - \frac{Rw(0^+)}{Le}\right)\right\}, \tag{5.20}$$

$$\varphi_\tau(w_2) = \frac{-\alpha}{Le^2 + \dfrac{2R\,Lew_x(0^+)}{A}}\left\{\frac{2R}{A}\left(Lew_x(0^+) + \frac{2w_{xx}(0^+)}{A}\right)\right.$$

$$+ \frac{4\pi^2 R}{\ell^2}((1 + Rw(0^+))w_{yy}(0^+) + R(1 - Rw(0^+))w_y^2(0^+)) \qquad (5.21)$$

$$\left. + \frac{8\pi^2 R^2}{A\,Le\ell^2}\left(w_{yy}(0^+)w_x(0^+) + \frac{2Rw_y^2(0^+)w_{xx}(0^+)}{LeA} + 2w_y(0^+)w_{xy}(0^+)\right)\right\},$$

$$\mathscr{G}_1 = \mathscr{G}_2 = \mathscr{G}_3 = \varphi_{\tau\xi}\mathscr{G}_2 = 0.$$

（3）$\xi \in [0, \delta]$，$\xi = \dfrac{R}{2}(x + 1)$，满足关系：

$$\alpha = 1,\ \alpha_\xi = 0,\ \partial_\xi = \frac{2}{R}\partial_x,\ \partial_\eta = \frac{2\pi}{\ell}\partial_y,\ \Theta_{\xi\xi}^{(0)} = \frac{-\,e^{\frac{-R(x+1)}{2}}}{R},\ \Theta_{\xi\xi\xi}^{(0)} = \frac{e^{\frac{-R(x+1)}{2}}}{R},$$

$$\Phi_{\xi\xi}^{(0)} = \frac{Lee^{\frac{-LeR(x+1)}{2}}}{R},\ \Phi_{\xi\xi\xi}^{(0)} = \frac{-Le^2 e^{\frac{-LeR(x+1)}{2}}}{R},\ \Phi_{\xi\xi\xi\xi}^{(0)} = \frac{Le^3 e^{\frac{-LeR(x+1)}{2}}}{R}, \qquad (5.22)$$

$$\varphi = \frac{-Rw(0^+)}{Le},\ \varphi_\xi = 0,\ \frac{1}{1 + \varphi_\xi} = 1,$$

$$\mathscr{F}_1(u_2) = \frac{e^{\frac{-R(x+1)}{2}}}{Le} + \frac{2u_x}{R},$$

$$\mathscr{F}_2(u_2, w_2) = \frac{4\pi^2 Re^{\frac{-R(x+1)}{2}}}{\ell^2 Le^2}\left(-w_{yy}(0^+)w(0^+) + w_y^2(0^+)\left(1 - \frac{Rw(0^+)}{Le}\right)\right) \qquad (5.23)$$

$$+ \frac{8\pi^2}{\ell^2 Le}\left(w_{yy}(0^+)u_x + 2w_y(0^+)\left(u_{xy} + \frac{w_y(0^+)u_{xx}}{Le}\right)\right),$$

$$\mathscr{G}_1(w_2) = Lee^{\frac{-LeR(x+1)}{2}}w(0^+) + \frac{2w_x}{R},\ \varphi_{\tau\xi}\mathscr{G}_2 = 0,$$

$$\mathscr{G}_3(w_2) = \frac{4\pi^2 Re^{\frac{-LeR(x+1)}{2}}}{Le\ell^2}\left(w_{yy}(0^+)w(0^+) + w_y^2(0^+)\left(\frac{2\pi}{\ell} - w(0^+) - 1\right)\right) \qquad (5.24)$$

$$+ \frac{8\pi^2}{Le^2\ell^2}\left(w_x w_{yy}(0^+) + 2\pi^2 w_{xy}w_y(0^+) + \frac{2w_{xx}w_y^2(0^+)}{Le}\right),$$

$$\varphi_\tau = \frac{-1}{Le^2 + 2Lew_x(0^+)}\left\{2\left(Lew_x(0^+) + \frac{2w_{xx}(0^+)}{R}\right) + \frac{4\pi^2 R}{\ell^2}((1 + Rw(0^+))w_{yy}(0^+)\right.$$

$$+ R(1 - Rw(0^+))w_y^2(0^+)) + \frac{8\pi^2 R}{Le\ell^2}\left(w_{yy}(0^+)w_x(0^+)\right.$$

$$\left. + \frac{2w_y^2(0^+)w_{xx}(0^+)}{Le} + 2w_y(0^+)w_{xy}(0^+)\right)\right\}. \qquad (5.25)$$

（4）$\xi \in [\delta, 2\delta]$，$\xi = \dfrac{R}{2}(x + 1)$，满足关系：

$$\alpha = 2 - \frac{R(x+1)}{2\delta}, \quad \alpha_\xi = -1, \quad \partial_\xi = \frac{2}{R}\partial_x, \quad \partial_\eta = \frac{2\pi}{\ell}\partial_y, \quad \Theta_{\xi\xi}^{(0)} = \frac{-e^{\frac{-R(x+1)}{2}}}{R},$$

$$\Theta_{\xi\xi\xi}^{(0)} = \frac{e^{\frac{-R(x+1)}{2}}}{R}, \quad \Phi_{\xi\xi}^{(0)} = \frac{Lee^{\frac{-LeR(x+1)}{2}}}{R}, \quad \Phi_{\xi\xi\xi}^{(0)} = \frac{-Le^2 e^{\frac{-LeR(x+1)}{2}}}{R}, \quad \Phi_{\xi\xi\xi\xi}^{(0)} = \frac{Le^3 e^{\frac{-LeR(x+1)}{2}}}{R},$$

$$\varphi = \frac{-R\alpha}{Le}w(0^+), \quad \varphi_\xi = \frac{R}{Le}w(0^+), \quad \frac{1}{1+\varphi_\xi} = \frac{Le}{Le + Rw(0^+)}, \tag{5.26}$$

$$\mathscr{F}_1(u_2, w_2) = \frac{\alpha w(0^+)e^{\frac{-R(x+1)}{2}} + \frac{2Leu_x}{R}}{Le + Rw(0^+)},$$

$$\begin{aligned}
\mathscr{F}_2(u_2, w_2) = &\frac{1}{Le + Rw(0^+)}\left\{\frac{R\alpha}{Le}e^{\frac{-R(x+1)}{2}}\left(\frac{4\pi^2\alpha}{\ell^2}(2w_y^2(0^+) - w(0^+)w_{yy}(0^+)) - w^2(0^+)\right)\right. \\
&+ 8\pi^2\alpha(2w_y(0^+)u_{xy} - w_{yy}(0^+)u_x) - 2w(0^+)u_x\} \\
&+ \frac{Le}{(Le + Rw(0^+))^2}\left\{e^{\frac{-R(x+1)}{2}}\left(\frac{-4\pi^2 R\alpha}{Le\ell^2}\left(\frac{4\alpha w(0^+)w_{xy}(0^+)w_y(0^+)}{Le}\right.\right.\right. \\
&+ Rw_y^2(0^+)\left(\frac{\alpha w(0^+)}{Le} + \frac{1}{R}\right) + 2Rw(0^+)w_y^2(0^+)\right) \\
&+ \frac{R^2 w^2(0^+)}{Le}\left(\frac{\alpha w(0^+)}{Le} + \frac{1}{R}\right) + 2Rw^2(0^+)\right) \\
&+ \frac{16\pi^2\alpha w_y(0^+)}{Le\ell^2}(-2w_{xy}(0^+)u_x + w_y(0^+)u_{xx}) \\
&\left. - 4u_{xx}w(0^+)\left(\frac{w(0^+)}{Le} + \frac{2}{R}\right)\right\}, \tag{5.27}
\end{aligned}$$

$$\mathscr{G}_1(w_2) = \frac{Le}{Le + Rw(0^+)}\left(e^{\frac{-LeR(x+1)}{2}}\alpha w(0^+)\left(Le - \frac{Rw(0^+)}{Le}\right) + \frac{2w_x}{R}\right), \tag{5.28}$$

$$\mathscr{G}_2(w_2) = \frac{Le(w - \alpha w(0^+)e^{\frac{-LeR(x+1)}{2}})}{Le + Rw(0^+)},$$

$$\begin{aligned}
\mathscr{G}_3(w_2) = &\frac{1}{Le + Rw(0^+)}\left\{e^{\frac{-LeR(x+1)}{2}}\left(\frac{4\pi^2 R\alpha(2+\alpha Le)}{Le\ell^2}(w(0^+)w_{yy}(0^+) + 2w_y^2(0^+))\right.\right. \\
&- Rw(0^+)(1 + \alpha Le)) + \frac{4\pi^2}{Le\ell^2}(w_{yy}(0^+)(2\alpha w_x - Rw) \\
&+ 2w_y(0^+)(2\alpha w_{xy} - Rw_y)) - 2w(0^+)w_x\} \\
&+ \frac{Le}{(Le + Rw(0^+))^2}\left\{e^{\frac{-LeR(x+1)}{2}}\left(\frac{4\pi^2 R\alpha w_y^2(0^+)}{Le^2\ell^2}(Rw(0^+)(2\alpha - 2\right.\right. \\
&- 4Le\alpha - \alpha Le(1 + \alpha Le)) + Le(\alpha Le - 2)) \\
&+ Rw^2(0^+)\left(1 + (1 + \alpha Le)\left(2 + \frac{Rw(0^+)}{Le}\right)\right)\right) \\
&+ \frac{4\pi^2 Rw_y^2(0^+)}{Le\ell^2}\left(\frac{2Rw}{Le} + \frac{4\alpha^2 w_{xx}}{LeR} - 8\alpha w_x\right) - \frac{4w_{xx}w(0^+)}{LeR}\left(2 + \frac{Rw(0^+)}{Le}\right)\right\}, \tag{5.29}
\end{aligned}$$

$$\varphi_\tau(w_2) = \frac{-\alpha}{Le^2 + 2Lew_x(0^+)}\left\{2\left(Lew_x(0^+) + \frac{2w_{xx}}{R}\right) + \frac{4\pi^2 R}{\ell^2}((1 + Rw(0^+))w_{yy}(0^+)\right.$$
$$+ R(1 - Rw(0^+))w_y^2(0^+))$$
$$\left.+ \frac{8\pi^2 R}{Le\ell^2}\left(w_{yy}(0^+)w_x(0^+) + \frac{2}{Le}w_y^2(0^+)w_{xx} + 2w_y(0^+)w_{xy}(0^+)\right)\right\},$$

$$\varphi_{\tau\xi}(w_2) = \frac{1}{Le^2 + 2Lew_x(0^+)}\left\{2\left(Lew_x(0^+) + \frac{2w_{xx}}{R}\right) + \frac{4\pi^2 R}{\ell^2}((1 + Rw(0^+))w_{yy}(0^+)\right.$$
$$+ R(1 - Rw(0^+))w_y^2(0^+))$$
$$\left.+ \frac{8\pi^2 R}{Le\ell^2}\left(w_{yy}(0^+)w_x(0^+) + \frac{2}{Le}w_y^2(0^+)w_{xx} + 2w_y(0^+)w_{xy}(0^+)\right)\right\}.$$

(5.30)

$(5)\ \xi \in [R-\delta,\ R],\ \xi = \frac{R}{2}(x+1),$ 满足关系:

$$\beta = 1,\ \beta_\xi = 0,\ \partial_\xi = \frac{2}{R}\partial_x,\ \partial_\eta = \frac{2\pi}{\ell}\partial_y,$$

$$\Theta_{\xi\xi}^{(0)} = \frac{-1}{R}e^{\frac{-R(x+1)}{2}},\ \Theta_{\xi\xi\xi}^{(0)} = \frac{1}{R}e^{\frac{-R(x+1)}{2}},\ \Phi_{\xi\xi}^{(0)} = \frac{Le}{R}e^{\frac{-LeR(x+1)}{2}},$$

(5.31)

$$\Phi_{\xi\xi\xi}^{(0)} = \frac{-Le^2}{R}e^{\frac{-LeR(x+1)}{2}},\ \Phi_{\xi\xi\xi\xi}^{(0)} = \frac{Le^3}{R}e^{\frac{-LeR(x+1)}{2}},\ \varphi = \frac{u(R^+)}{\theta_i},\ \varphi_\xi = 0,\ \frac{1}{1+\varphi_\xi} = 1,$$

$$\mathcal{F}_1(u_2) = \frac{-u(R^+)}{\theta_i R}e^{\frac{-R(x+1)}{2}} + \frac{2u_x}{R},$$

$$\mathcal{F}_2(u_2) = e^{\frac{-R(x+1)}{2}}\frac{4\pi^2}{\theta_i^2\ell^2 R}\left(u(R^+)u_{yy}(R^+) + u_y^2(R^+)\left(1 + \frac{u(R^+)}{\theta_i}\right)\right)$$
$$+ \frac{8\pi^2}{\theta_i\ell^2 R}\left(\frac{2u_y^2(R^+)u_{xx}}{\theta_i R} - u_x u_{yy}(R^+) - 2u_y(R^+)u_{xy}\right),$$

(5.32)

$$\mathcal{G}_1(u_3,\ w_2) = \frac{-Le^2 u(R^+)}{\theta_i R}e^{\frac{-LeR(x+1)}{2}} + \frac{2w_x}{R},$$

$$\varphi_{\tau\xi} = \varphi_{\tau\xi}\mathcal{G}_2 = 0,$$

$$\mathcal{G}_3(u_3,\ w_2) = e^{\frac{-LeR(x+1)}{2}}\frac{4\pi^2}{\theta_i^2\ell^2 R}(u(R^+)u_{yy}(R^+) + Leu_y^2(R^+)(1 + Leu(R^+)))$$
$$+ \frac{8\pi^2}{Le\theta_i\ell^2 R}\left(\frac{2u_y^2(R^+)w_{xx}}{\theta_i R} - w_x u_{yy}(R^+) - 2u_y(R^+)w_{xy}\right),$$

(5.33)

$$\varphi_\tau(u_3) = \frac{R}{\theta_i R - Ru(R^+) - 2u_x(R^+)}\left\{\frac{4\pi^2}{\theta_i\ell^2}\left(u_y^2(R^+)\left(\frac{4u_{xx}(R^+)}{\theta_i R^2} - 1 - \frac{u(R^+)}{\theta_i}\right)\right.\right.$$
$$\left.+ u_{yy}(R^+)\left(\theta_i - \frac{2u_x(R^+)}{R} - \theta_i u(R^+)\right) - \frac{4u_y(R^+)u_{xy}(R^+)}{R}\right)$$
$$\left.+ \frac{2}{R}(u_x(R^+) + \frac{2}{R}u_{xx}(R^+))\right\}.$$

(5.34)

61

（6）$\xi \in [R - 2\delta, R - \delta]$，$\xi = \dfrac{R}{2}(x + 1)$，满足关系：

$$\beta = 2 - \frac{R}{\delta} + \frac{R(x + 1)}{2\delta}, \quad \beta_\xi = 1, \quad \partial_\xi = \frac{2}{R}\partial_x, \quad \partial_\eta = \frac{2\pi}{\ell}\partial_y,$$

$$\Theta_{\xi\xi}^{(0)} = \frac{-1}{R}e^{\frac{-R(x+1)}{2}}, \quad \Theta_{\xi\xi\xi}^{(0)} = \frac{1}{R}e^{\frac{-R(x+1)}{2}}, \quad \Phi_{\xi\xi}^{(0)} = \frac{Le}{R}e^{\frac{-LeR(x+1)}{2}},$$

$$\Phi_{\xi\xi\xi}^{(0)} = \frac{-Le^2}{R}e^{\frac{-LeR(x+1)}{2}}, \quad \Phi_{\xi\xi\xi\xi}^{(0)} = \frac{Le^3}{R}e^{\frac{-LeR(x+1)}{2}}, \quad \varphi = \frac{\beta u(R^+)}{\theta_i}, \tag{5.35}$$

$$\varphi_\xi = \frac{u(R^+)}{\theta_i}, \quad \frac{1}{1 + \varphi_\xi} = \frac{\theta_i}{\theta_i + u(R^+)},$$

$$\mathscr{F}_1(u_2) = \frac{1}{R(\theta_i + u(R^+))}\left(2\theta_i u_x - \beta u(R^+)e^{\frac{-R(x+1)}{2}}\right),$$

$$\mathscr{F}_2(u_2) = \frac{1}{\theta_i + u(R^+)}\left\{ e^{\frac{-R(x+1)}{2}}\left(\frac{4\pi^2\beta^2}{\theta_i\ell^2 R}(u(R^+)u_{yy}(R^+) + 2u_y^2(R^+)) + \frac{\beta u(R^+)}{\theta_i R} \right) \right.$$

$$- \frac{8\pi^2\beta}{\ell^2 R}(u_x u_{yy}(R^+) + 2u_{xy}u_y(R^+)) \Big\}$$

$$+ \frac{\theta_i}{(\theta_i + u(R^+))^2}\left\{ e^{\frac{-R(x+1)}{2}}\left(\frac{4\pi^2\beta^2 u_y^2(R^+)}{\theta_i\ell^2 R}\left(\frac{\beta - 4}{\theta_i}u(R^+) - 1 \right) \right.\right.$$

$$\left.- \frac{u^2(R^+)}{\theta_i R}\left(\frac{\beta u(R^+)}{\theta_i} - 1 + 2\beta \right) \right) + \frac{16\pi^2\beta u_y^2(R^+)}{\theta_i\ell^2 R}\left(u_x + \frac{\beta u_{xx}}{R} \right)$$

$$- \frac{4u(R^+)u_{xx}}{R^2}\left(\frac{u(R^+)}{\theta_i} + 2 \right) \Big\}, \tag{5.36}$$

$$\mathscr{G}_1(u_3, w_2) = \frac{\theta_i}{\theta_i + u(R^+)}\left(e^{\frac{-LeR(x+1)}{2}}\frac{Le\beta u(R^+)}{\theta_i R}\left(\frac{u(R^+)}{\theta_i} - Le \right) + \frac{2w_x}{R} \right), \tag{5.37}$$

$$\mathscr{G}_2(u_3, w_2) = \frac{\theta_i}{\theta_i + u(R^+)}\left(e^{\frac{-LeR(x+1)}{2}}\frac{Le\beta u(R^+)}{\theta_i R} + w \right),$$

$$\mathscr{G}_3(u_3, w_2) = \frac{\theta_i}{Le(\theta_i + u(R^+))}\left\{ e^{\frac{-LeR(x+1)}{2}}\left(\frac{4\pi^2\beta Le}{\theta_i\ell^2 R}(Le\beta - 2)(u_{yy}(R^+)u(R^+) + 2u_y^2(R^+)) \right.\right.$$

$$+ \frac{Le^2 u^2(R^+)}{\theta_i R}(Le\beta - 1) \Big) - \frac{4\pi^2 u_{yy}(R^+)}{\ell}\left(\frac{w}{\ell} + \frac{2\beta w_x}{R} \right)$$

$$- \frac{2Lew_x}{R} - \frac{8\pi^2 u_y(R^+)}{\ell^2}\left(w_y + \frac{2\beta w_{xy}}{R} \right) \Big\}$$

$$+ \frac{\theta_i}{Le(\theta_i + u(R^+))^2}\left\{ e^{\frac{-LeR(x+1)}{2}}\left(\frac{8\pi^2\beta Le u_y^2(R^+)}{\theta_i\ell^2 R}\left(\frac{u(R^+)}{\theta_i}(1 + \frac{Le\beta}{2}(Le\beta - 5 + 2Le)) \right.\right.\right.$$

$$+ \left(1 + \frac{Le^2\beta}{2} \right) \Big) - \frac{Le^2 u^2(R^+)}{\theta_i R}\left(\left(2 + \frac{u(R^+)}{\theta_i} \right)(Le\beta - 1) + Le \right) \Big)$$

$$+ \frac{8\pi^2 u_y^2(R^+)}{\theta_i\ell^2}\left(w + \frac{4\beta w_x}{R} + \frac{2\beta^2 w_{xx}}{R^2} \right) - \frac{4w_{xx}u(R^+)}{R^2}\left(2 + \frac{u(R^+)}{\theta_i} \right) \Big\}, \tag{5.38}$$

$$\varphi_\tau(u_3) = \frac{\beta R}{\theta_i R - Ru(R^+) - 2u_x(R^+)} \left\{ \frac{4\pi^2}{\theta_i \ell^2} \left(u_y^2(R^+) \left(\frac{4u_{xx}(R^+)}{\theta_i R^2} - 1 - \frac{u(R^+)}{\theta_i} \right) \right. \right.$$

$$+ u_{yy}(R^+) \left(\theta_i - \frac{2u_x(R^+)}{R} - \theta_i u(R^+) \right) - \frac{4u_y(R^+)u_{xy}(R^+)}{R} \Bigg)$$

$$\left. \left. + \frac{2}{R} \left(u_x(R^+) + \frac{2}{R} u_{xx}(R^+) \right) \right\} , \right.$$

$$\varphi_{\tau\xi}(u_3) = \frac{R}{\theta_i R - Ru(R^+) - 2u_x(R^+)} \left\{ \frac{4\pi^2}{\theta_i \ell^2} \left(u_y^2(R^+) \left(\frac{4u_{xx}(R^+)}{\theta_i R^2} - 1 - \frac{u(R^+)}{\theta_i} \right) \right. \right.$$

$$+ u_{yy}(R^+) \left(\theta_i - \frac{2u_x(R^+)}{R} - \theta_i u(R^+) \right) - \frac{4u_y(R^+)u_{xy}(R^+)}{R} \Bigg)$$

$$\left. \left. + \frac{2}{R} \left(u_x(R^+) + \frac{2}{R} u_{xx}(R^+) \right) \right\} . \right. \tag{5.39}$$

（7）$\xi \in [R, R+\delta]$，$\xi = \dfrac{(x+1)(B-R)}{2} + R$，满足关系：

$$\beta = 1, \ \beta_\xi = 0, \ \partial_\xi = \frac{2}{B-R} \partial_x, \ \partial_\eta = \frac{2\pi}{\ell} \partial_y, \ \varphi = \frac{\beta u(R^+)}{\theta_i}, \ \varphi_\xi = 0, \ \frac{1}{1+\varphi_\xi} = 1,$$

$$\Theta^{(0)}_{\xi\xi} = \theta_i e^{\frac{-(B-R)(x+1)}{2}}, \ \Theta^{(0)}_{\xi\xi\xi} = -\theta_i e^{\frac{-(B-R)(x+1)}{2}}, \ \Phi^{(0)}_{\xi\xi} = \frac{Le(e^{-LeR}-1)}{R} e^{\frac{-Le(B-R)(x+1)}{2}},$$

$$\Phi^{(0)}_{\xi\xi\xi} = \frac{-Le^2(e^{-LeR}-1)}{R} e^{\frac{-Le(B-R)(x+1)}{2}}, \ \Phi^{(0)}_{\xi\xi\xi\xi} = \frac{Le^3(e^{-LeR}-1)}{R} e^{\frac{-Le(B-R)(x+1)}{2}},$$

$$\tag{5.40}$$

$$\mathscr{F}_1(u_3) = u(R^+) e^{\frac{-(B-R)(x+1)}{2}} + \frac{2u_x}{B-R},$$

$$\mathscr{F}_2(u_3) = e^{\frac{-(B-R)(x+1)}{2}} \frac{-4\pi^2}{\theta_i \ell^2} \left(u(R^+)u_{yy}(R^+) + \left(1 + \frac{u(R^+)}{\theta_i} \right) u_y^2(R^+) \right) \tag{5.41}$$

$$- \frac{8\pi^2}{\theta_i \ell^2 (B-R)} \left(u_{yy}(R^+)u_x + 2u_y(R^+)u_{xy} - \frac{2u_y^2(R^+)u_{xx}}{\theta_i(B-R)} \right),$$

$$\mathscr{G}_1(u_3, w_3) = \frac{-Le^2(e^{-LeR}-1)u(R^+)}{\theta_i R} e^{\frac{-Le(B-R)(x+1)}{2}} + \frac{2w_x}{B-R},$$

$$\varphi_{\tau\xi} = \varphi_{\tau\xi} \mathscr{G}_2 = 0,$$

$$\mathscr{G}_3(u_3, w_3) = e^{\frac{-Le(B-R)(x+1)}{2}} \frac{4\pi^2 Le(e^{-LeR}-1)}{\theta_i^2 \ell^2 R} \left(u(R^+)u_{yy}(R^+) + \left(\frac{Leu(R^+)}{\theta_i} + 1 \right) u_y^2(R^+) \right)$$

$$+ \frac{8\pi^2}{Le\theta_i \ell^2 (B-R)} \left(-u_{yy}(R^+)w_x - 2u_y(R^+)w_{xy} + \frac{2u_y^2(R^+)w_{xx}}{\theta_i(B-R)} \right), \tag{5.42}$$

$$\varphi_\tau(u_3) = \frac{B-R}{(B-R)(\theta_i - u(R^+)) - 2u_x(R^+)}\left\{\frac{4\pi^2}{\theta_i \ell^2}\left(u_y^2(R^+)\left(\frac{4u_{xx}(R^+)}{\theta_i(B-R)^2} - \frac{u(R^+)}{\theta_i} - 1\right)\right.\right.$$

$$+ u_{yy}(R^+)\left(\theta_i - \theta_i u(R^+) - \frac{2u_x(R^+)}{B-R}\right) - \frac{4u_y(R^+)u_{xy}(R^+)}{B-R}\bigg)$$

$$+ \frac{2}{B-R}\left(u_x(R^+) + \frac{2u_{xx}(R^+)}{B-R}\right)\bigg\}.$$

$$(5.43)$$

(8) $\xi \in [R+\delta,\ R+2\delta]$, $\xi = \dfrac{(x+1)(B-R)}{2} + R$, 满足关系:

$$\beta = 2 + \frac{(B-R)(x+1)}{2\delta},\ \beta_\xi = -1,\ \partial_\xi = \frac{2}{B-R}\partial_x,\ \partial_\eta = \frac{2\pi}{\ell}\partial_y,$$

$$\varphi = \frac{\beta u(R^+)}{\theta_i},\ \varphi_\xi = \frac{-u(R^+)}{\theta_i},\ \frac{1}{1+\varphi_\xi} = \frac{\theta_i}{\theta_i - u(R^+)},\ \Theta^{(0)}_{\xi\xi} = \theta_i e^{\frac{-(B-R)(x+1)}{2}},$$

$$(5.44)$$

$$\Theta^{(0)}_{\xi\xi\xi} = -\theta_i e^{\frac{-(B-R)(x+1)}{2}},\ \Phi^{(0)}_{\xi\xi} = \frac{Le(e^{-LeR} - 1)}{R}e^{\frac{-Le(B-R)(x+1)}{2}},$$

$$\Phi^{(0)}_{\xi\xi\xi} = \frac{-Le^2(e^{-LeR} - 1)}{R}e^{\frac{-Le(B-R)(x+1)}{2}},\ \Phi^{(0)}_{\xi\xi\xi\xi} = \frac{Le^3(e^{-LeR} - 1)}{R}e^{\frac{-Le(B-R)(x+1)}{2}},$$

$$\mathscr{F}_1(u_3) = \frac{\theta_i}{\theta_i - u(R^+)}\left(\beta u(R^+)e^{\frac{-(B-R)(x+1)}{2}} + \frac{2u_x}{B-R}\right),$$

$$\mathscr{F}_2(u_3) = \frac{1}{\theta_i - u(R^+)}\left\{e^{\frac{-(B-R)(x+1)}{2}}\left(\frac{-4\pi^2\beta^2}{\ell^2}(u(R^+)u_{yy}(R^+) + 2u_y^2(R^+)) + \beta u^2(R^+)\right)\right.$$

$$- \frac{8\pi^2\beta}{\ell^2(B-R)}(u_{yy}(R^+)u_x + 2u_y(R^+)u_{xy}) + \frac{2u(R^+)u_x}{B-R}\bigg\}$$

$$+ \frac{\theta_i^2}{(\theta_i - u(R^+))^2}\left\{e^{\frac{-(B-R)(x+1)}{2}}\left(\frac{-4\pi^2\beta^2 u_y^2(R^+)}{\theta_i^2\ell^2}(3\beta u(R^+) - \theta_i + 2u(R^+))\right.\right.$$

$$+ \frac{u^2(R^+)}{\theta_i}\left(\frac{\beta u(R^+)}{\theta_i} - 1 - 2\beta\right)\bigg)$$

$$- \frac{16\pi^2\beta^2 u_y^2(R^+)}{\theta_i^2\ell^2(B-R)}\left(u_x - \frac{u_{xx}}{B-R}\right) - \frac{4u_{xx}}{(B-R)^2}\left(\frac{u^2(R^+)}{\theta_i} - 1\right)\bigg\},$$

$$(5.45)$$

$$\mathscr{G}_1(u_3, w_3) = \frac{\theta_i}{\theta_i - u(R^+)}\left(e^{\frac{-Le(B-R)(x+1)}{2}}\frac{-\beta Le(e^{-LeR} - 1)u(R^+)}{\theta_i R}\left(\frac{u(R^+)}{\theta_i} + Le\right) + \frac{2w_x}{B-R}\right),$$

$$\mathscr{G}_2(u_3, w_3) = \frac{\theta_i}{\theta_i - u(R^+)}\left(e^{\frac{-Le(B-R)(x+1)}{2}}\frac{\beta Le(e^{-LeR} - 1)u(R^+)}{\theta_i R} + w\right),$$

$$(5.46)$$

$$\mathscr{G}_3(u_3, w_3) = \frac{1}{\theta_i - u(R^+)}\left\{ e^{\frac{-Le(B-R)(x+1)}{2}} \frac{e^{-LeR} - 1}{\theta_i R}\left(\frac{4\pi^2\beta(2 + \beta Le)}{\ell^2}(u_{yy}(R^+)u(R^+)\right.\right.$$

$$+ 2u_y^2(R^+)) - Le(1 + \beta Le)u^2(R^+)) + \frac{4\pi^2}{Le\ell^2}\left(u_{yy}(R^+)\left(w - \frac{2\beta w_x}{B - R}\right)\right.$$

$$+ 2u_y(R^+)\left(w_y - \frac{2\beta w_{xy}}{B - R}\right)\right) + \frac{2u(R^+)w_x}{B - R}\right\}$$

$$+ \frac{\theta_i}{(\theta_i - u(R^+))^2}\left\{e^{\frac{-Le(B-R)(x+1)}{2}}\frac{e^{-LeR} - 1}{\theta_i R}\left(\frac{4\pi^2 u_y^2(R^+)}{\ell^2}\right.\right. \tag{5.47}$$

$$\left(\frac{\beta^2 Le(7 + \beta Le) + \beta(2 - Le^2) - Le}{\theta_i}u(R^+) - 2\beta - Le(\beta^2 - 1)\right)$$

$$+ 2(1 + \beta Le)Leu^2(R^+))$$

$$+ \frac{8\pi^2 u_y^2(R^+)}{Le\theta_i\ell^2}\left(w - \frac{4\beta w_x}{B - R} + \frac{2(\beta^2 - 1)w_{xx}}{(B - R)^2}\right) + \frac{8u(R^+)w_{xx}}{Le(B - R)^2}\right\},$$

$$\varphi_\tau(u_3) = \frac{\beta(B - R)}{(B - R)(\theta_i - u(R^+)) - 2u_x(R^+)}\left\{\frac{4\pi^2}{\theta_i\ell^2}\left(u_y^2(R^+)\left(\frac{4u_{xx}(R^+)}{\theta_i(B - R)^2} - 1 - \frac{u(R^+)}{\theta_i}\right)\right.\right.$$

$$+ u_{yy}(R^+)\left(\theta_i - \frac{2u_x(R^+)}{B - R} - \theta_i u(R^+)\right) - \frac{4u_y(R^+)u_{xy}(R^+)}{B - R}\right]$$

$$+ \frac{2}{B - R}\left(u_x(R^+) + \frac{2u_{xx}(R^+)}{B - R}\right)\right\}, \tag{5.48}$$

$$\varphi_{\tau\xi}(u_3) = \frac{R - B}{(B - R)(\theta_i - u(R^+)) - 2u_x(R^+)}\left\{\frac{4\pi^2}{\theta_i\ell^2}\left(u_y^2(R^+)\left(\frac{4u_{xx}(R^+)}{\theta_i(B - R)^2} - 1 - \frac{u(R^+)}{\theta_i}\right)\right.\right.$$

$$+ u_{yy}(R^+)\left(\theta_i - \frac{2u_x(R^+)}{B - R} - \theta_i u(R^+)\right) - \frac{4u_y(R^+)u_{xy}(R^+)}{B - R}\right]$$

$$+ \frac{2}{B - R}\left(u_x(R^+) + \frac{2u_{xx}(R^+)}{B - R}\right)\right\}. \tag{5.49}$$

5.3.2 完全非线性系统的数值模拟

本小节我们将展现完全非线性边值问题数值模拟的一些典型结果,该完全非线性模型表达了平面行波解(4.26)扰动的动力方程.

数值模拟部分采用了标准的拟谱方法,时间步长 $\Delta t = 10^{-5}$ 以及微小的初始扰动量(10^{-4} 至 10^{-3})以保证足够的精度.

下列图像给出了一系列数值模拟结果,图 5.9~图 5.16 选取的参数为 $\theta_i \geqslant 0.50$,$\ell = 700$. 数值实验表明,经过一段时间的过渡期后,着火边界和跟踪边界上分别出现了"双峰"形状稳定的火焰锋,因此我们着重关注稳定状态下的图像.

(1)首先,针对 Lewis 阈值为 $Le_c^* = 0.254797$,此时 $\theta_i \geqslant \theta_i = 0.50$,我们考虑 Lewis 数小于阈值 $Le = 0.25$ 的情形.

表5.2给出了不同的 θ_i 对应于不同的 Lewis 阈值 Le_c^*. 图5.9、图5.10分别说明了取值为 $\theta_i = 0.50$，0.55，0.60时，着火界面和跟踪界面的形状以及温度分布；图5.11、图5.12对应的取值为 $\theta_i = 0.65$，0.70，0.75；图5.13、图5.14则对应于 $\theta_i = 0.80$，0.85，0.90.

表5.2 　　　　　　　　　　　　阈值 Le_c^* 与 θ_i 对应关系表

θ_i	R	Le_c^*	ℓ	θ_i	R	Le_c^*	ℓ
0.20	4.965114	0.250151	40000	0.65	0.933694	0.433113	700
0.30	3.197059	0.537779	40000	0.70	0.761434	0.499694	700
0.40	2.231612	0.154663	1500	0.75	0.605860	0.571466	700
0.50	1.593624	0.254797	700	0.80	0.464213	0.646285	700
0.55	1.343999	0.310143	700	0.85	0.334345	0.726217	700
0.60	1.126261	0.370257	700	0.90	0.214556	0.811305	700

（2）然后，我们考虑固定燃烧温度在 $\theta_i = 0.80$ 处，针对不同的 Lewis 数（$Le = 0.35$，0.45，0.55）进行比较，如图5.15和图5.16所示.

针对 $\theta_i < 0.50$ 的情形，由于考虑到保证 Lewis 阈值为正，则需要取更大的 ℓ（参见表5.2），图5.17、图5.18中，$Le = 0.10$ 以保证 $Le < Le_c^*$，而参数 θ_i 则分别为0.20，0.30，0.40.

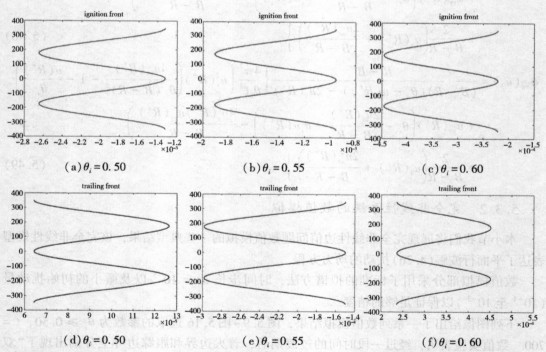

图5.9 着火边界[（a）、（b）、（c）]与跟踪边界[（d）、（e）、（f）]火焰锋形状比较（$Le = 0.25$，$\ell = 700$，θ_i 取值分别为0.50，0.55，0.60）

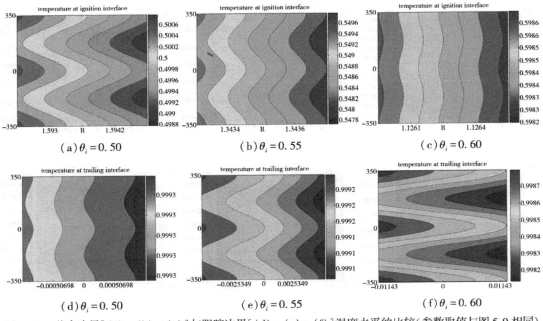

图 5.10　着火边界[(a)、(b)、(c)]与跟踪边界[(d)、(e)、(f)]温度水平的比较(参数取值与图5.9相同)

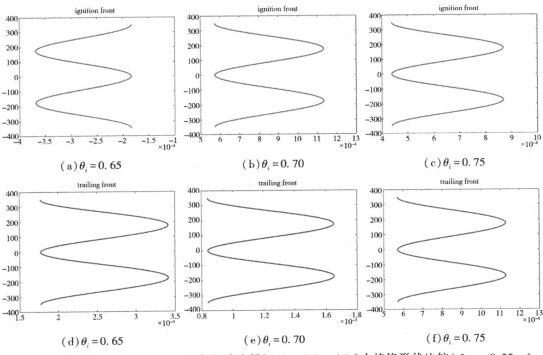

图 5.11　着火边界[(a)、(b)、(c)]与跟踪边界[(d)、(e)、(f)]火焰锋形状比较($Le = 0.25$, $\ell = 700$, θ_i 取值分别为 0.65, 0.70, 0.75)

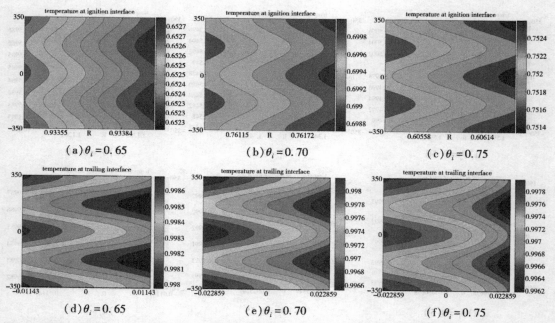

图 5.12　着火边界[(a)、(b)、(c)]与跟踪边界[(d)、(e)、(f)]温度水平的比较(参数取值与图 5.11 相同)

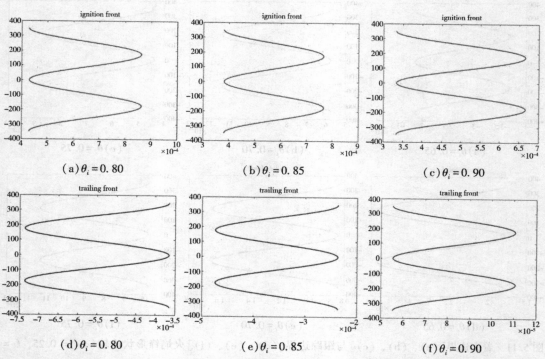

图 5.13　着火边界[(a)、(b)、(c)]与跟踪边界[(d)、(e)、(f)]火焰锋形状比较($Le = 0.25$, $\ell = 700$, θ_i 取值分别为 0.80, 0.85, 0.90)

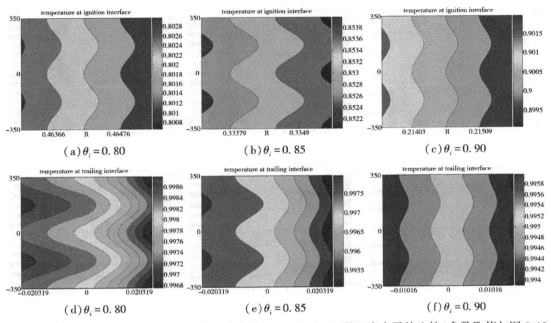

图 5.14 着火边界[(a)、(b)、(c)]与跟踪边界[(d)、(e)、(f)]温度水平的比较(参数取值与图 5.13 相同)

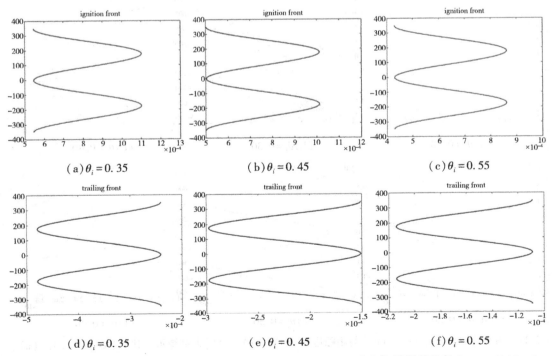

图 5.15 着火边界[(a)、(b)、(c)]与跟踪边界[(d)、(e)、(f)]火焰锋形状比较($\theta_i = 0.80$, $\ell = 700$, $Le_c^* = 0.646285$, Le 取值分别为 0.35, 0.45, 0.55)

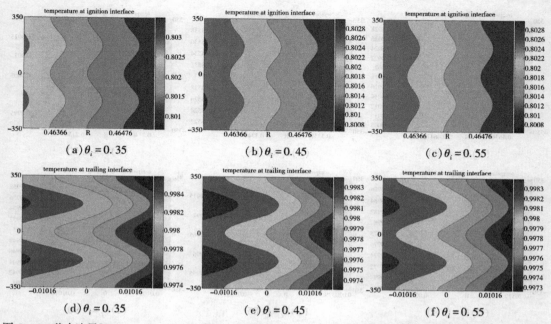

图 5.16　着火边界[(a)、(b)、(c)]与跟踪边界[(d)、(e)、(f)]温度水平的比较(参数取值与图 5.15 相同)

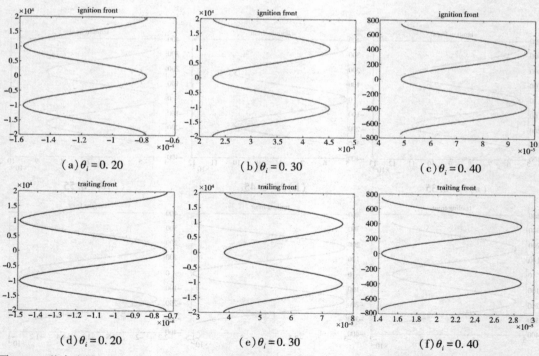

图 5.17　着火边界[(a)、(b)、(c)]与跟踪边界[(d)、(e)、(f)]火焰锋形状比较($Le = 0.10$,　(a)、
　　　　(d): $\theta_i = 0.20$, $\ell = 40000$, $Le_c^* = 0.250151$;　(b)、(e): $\theta_i = 0.30$, $\ell = 40000$, $Le_c = 0.537779$;　(c)、(f): $\theta_i = 0.40$, $\ell = 1500$, $Le_c^* = 0.154663$)

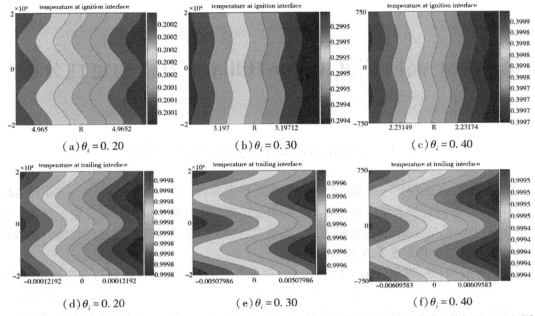

图 5.18　着火边界[(a)、(b)、(c)]与跟踪边界[(d)、(e)、(f)]温度水平的比较(参数取值与图 5.17 相同)

　　从上述图上均可观察到：在快速过渡期后，得到了着火界面和跟踪界面形成的"双峰"形式的火焰锋. 这些数值实验正好验证了稳定性分析结果：当 Lewis 数满足关系 $Le_c^* < Le < 1$ 时，平面行波解是线性渐进稳定的；当 Lewis 数满足关系 $0 < Le < Le_c^*$ 时，平面行波解是线性渐进不稳定的，详见文献[123].

第6章　高阶广义 Cahn-Hilliard 方程稳定性分析

6.1　Cahn-Hilliard 方程的研究背景

Cahn-Hilliard 方程是一类重要的高阶非线性扩散方程. 1958 年, John W. Cahn 和 John E. Hilliard[124] 在研究热力学中两相物质之间相互扩散现象时最早提出此类方程, 描述了与相位分离(Phase Separation)过程相关的、等温及各向同性的两相系统重要的性质, 尤其在材料科学领域起着非常重要的作用.

相位分离和相位粗化(Phase Coarsening)现象可以简单描述为当两种易混合物质(如合金、玻璃、聚合物等)从高温迅速冷却到低温(淬火)时, 我们能够观察到的两个现象: 首先, 我们能观察到部分核化或完全核化现象(Nucleation), 也称为调幅分解现象(Spinodal Decomposition), 材料迅速变得不均匀, 形成两种材料交错的细纹理结构, 中间将形成一个薄界面; 然后, 出现十分漫长的微结构粗化现象, 随着时间的推移将会出现越来越大的、几乎由单一的相均匀分布的区域, 此时在 Cahn-Hilliard 方程上所反映的便是自由界面移动的过程. 这一现象在材料的机械性能研究方面(如强度等), 尤其在合金制造业中有着十分重要的实际意义[124-134].

随着对 Cahn-Hilliard 方程研究的不断深入, 人们在建模过程中把更多的物理量和物理定律考虑进去, 提出了黏性 Cahn-Hilliard 方程、具梯度相关势能的 Cahn-Hilliard 方程以及随机 Cahn-Hilliard 方程等多种推广形式, 并应用于流体动力学和材料科学等众多领域. 例如, 热力学中两相物质之间相互扩散现象[135-136]、生物种群的竞争与排斥现象[137]、河床迁移的过程[138]、固体表面上微滴的扩散[139]、二嵌段共聚物(Diblock Copolymer)[140-142]、调幅分解[143]、图像修复(Image Inpainting)[144-148]、多相流体流动(Multiphase Fluid Flows)[149-151]、弹性不均匀性的微观结构(Microstructures with Elastic Inhomogeneity)[152-153]、肿瘤生长(Tumor Growth)[49,154-155]、拓扑优化(Topology Optimization)[156-157], 等等.

在有界区域 $\Omega \subset \mathbb{R}^d (d \leqslant 3)$ 上, 传统形式的 Cahn-Hilliard 方程表示为

$$\begin{cases} u_t = \nabla \cdot (b(u) \nabla w), \\ w = -\gamma \Delta u + \mathcal{F}'(u), \end{cases} \tag{6.1}$$

式中, $b(u) > 0$ 为扩散迁移系数(Diffusive Mobility); $\mathcal{F}(u)$ 是匀质自由能密度(Homogeneous Free Energy Density), 或称为势(Potential); $\gamma > 0$ 为梯度能量系数; 化学势 w 定义为 Ginzburg-Landau 自由能

$$E(u) = \int_\Omega \left(\frac{\gamma}{2} |\nabla u|^2 + \mathcal{F}(u) \right) dx \tag{6.2}$$

的变分导数(Variational Derivative),即 $w = \dfrac{\delta E}{\delta u}$,边界条件为

$$\frac{\partial u}{\partial \nu} = b(u) \frac{\partial w}{\partial \nu} = 0, \text{ on } \partial\Omega. \tag{6.3}$$

该系统具有两个特性:①每个物质的总质量守恒;②系统自由能 E 随时间不增. 数学表达式为

$$\frac{d}{dt} \int_\Omega u \, dx = 0, \quad \frac{d}{dt} E(u) \leqslant 0. \tag{6.4}$$

1981 年,Cohen 和 Murray[158] 最早在传统的 Cahn-Hilliard 方程基础上加入源项 $g(u)$,方程形式如下:

$$\begin{cases} u_t + \Delta\left(\varepsilon\Delta u - \dfrac{1}{\varepsilon} f(u)\right) + \dfrac{1}{\varepsilon} g(u) = 0, & \text{in } \Omega_T: = (0, T) \times \Omega, \\[2mm] \dfrac{\partial u}{\partial n} = \dfrac{\partial \Delta u}{\partial n} = 0, & \text{on } \partial\Omega_T: = (0, T) \times \Omega, \\[2mm] u = u_0, & \text{on } \{0\} \times \Omega, \end{cases} \tag{6.5}$$

该方程被用来描述生态种群的动态过程(Ecological Population Dynamics),其中,$\varepsilon > 0$ 表示扩散界面的厚度,源项 $g(u)$ 表示模拟种群数量的增长.

针对 Cahn-Hilliard 方程的解的长时间行为研究,主要考虑:在某个函数空间中任意有界集内初始数据所对应的整体解的渐进性态,有限维空间中吸引子的存在性等问题;而当吸引子存在时,自然(但往往极具挑战)会考虑吸引子的性质如何等理论问题.

Cahn-Hilliard 方程的理论研究始于 20 世纪 80 年代中期 Elliott 等[[159]] 和 Zheng[160] 的工作,考虑了 Cahn-Hilliard 方程常数迁移系数时的初边值问题:利用整体能量型估计方法,针对典型情形 $f(u) = \gamma_1 u^3 + \gamma_2 u^2 + \gamma_3 u + \gamma_4$,$\gamma_1 < 0$,证明了在空间维数 $N < 3$ 下,古典解在初始能量小时具有存在性、唯一性,当 $\gamma_1 \leqslant 0$ 且初始能量很大时,古典解则会爆破.

由于吸引子的存在性能反映解的稳定性,Elliott 和 Garcke[161],Li 和 Zhong[162],Zheng[160],Yin 等[163-165],以及 Temam[24] 等学者对 Cahn-Hilliard 方程进行了解的存在性、正则性,以及有限维空间中吸引子的存在性等相关问题的理论研究,得到了一系列非常有意义的理论结果.

自 2011 年以后,Miranville[166-169] 分别针对 Cahn-Hilliard 方程不同的改进形式,做了一系列重要的理论工作,给出了先验能量估计式,证明了有限维吸引子的存在性,例如:

(1)Cahn-Hilliard-Oono 方程[166]:$f(u) = \mathcal{F}'(u) = u^3 - u$,双阱势(Double-well Potential)

$$\mathcal{F}(u) = \frac{1}{4}(u^2 - 1)^2, \quad g(u) = \epsilon u.$$

(2)分别在 Dirichlet 边界[167] 和 Neumann 边界条件[168] 下,数值模拟了伤口愈合与肿瘤增长情况,所涉及的 Cahn-Hilliard 方程形式为

$$\frac{\partial u}{\partial t} - \frac{\partial^2}{\partial x^2}\left(\ln(1-q) \frac{\partial^2 u}{\partial x^2} + \mathcal{F}'(u)\right) + g(u) = 0, \tag{6.6}$$

式中，$g(u) = \alpha u(u-1)$，u 表示细胞密度（Local Cell Density），α 为增长率（Proliferation Rate）；$q = 1 - \exp\left(-\dfrac{J}{k_B T}\right)$，$J$ 表示原子间的相互作用（Interatomic Interaction），k_B 为 Boltzmann 常数，T 为绝对温度；双阱势（Double-well Potential）为

$$\mathcal{F}(u) = \frac{1}{4}a\left(u - \frac{1}{2}\right)^4 + \frac{1}{2}b\left(u - \frac{1}{2}\right)^2,$$

$$a = \left(\frac{q - q_{cr}}{1 - 16\dfrac{(1-q)^2}{q^4}}\right)^{\frac{1}{4}}\frac{c(q)}{\sqrt[4]{q_{cr}}}, \quad b = \frac{q_{cr} - q}{|q - q_{cr}|^{\frac{3}{4}}}\frac{c(q)}{\sqrt[4]{q_{cr}}}.$$

（3）讨论了对数势（Logarithmic Potential）[169]：

$$\mathcal{F}(u) = \frac{\lambda_1}{2}(1 - u^2) + \frac{\lambda_2}{2}\left((1-u)\ln\frac{1-u}{2} + (1+u)\ln\frac{1+u}{2}\right),$$

此时有 $f(u) = -\lambda_1 u + \dfrac{\lambda_2}{2}\ln\dfrac{1+u}{1-u}$，$u \in (-1, 1)$，$f' \geqslant -\lambda_1$，$g(u) \in C^1$ 满足

$$|g(u)| \leqslant c_1(|u|^p + 1), \quad |g'(u)| \leqslant c_2(|u|^p + 1),$$

其中，$p \in \mathbb{N}$，$p \geqslant 2$，$c_1, c_2 \geqslant 0$，$u \in (0, 1)$.

2017 年，Fakih[170] 考虑了

$$\mathcal{F}(u) = \sum_{k=0}^{2p} a_k u^k, \quad f(u) = \mathcal{F}'(u) = \sum_{i=0}^{2p-1}(i+1)a_{i+1}u^i, \quad g(u) = \sum_{j=0}^{2q-1}b_j u^j,$$

其中，$a_{2p} > 0$，$p \in \mathbb{N}$，$p \geqslant 2$，$b_{2q-1} > 0$，$q \geqslant 1$，并分别在 Dirichlet 和 Neumann 边界条件下，给出了先验能量估计式，证明了有限维吸引子的存在性.

近年来，Cherfils 和 Miranville[171-173] 等学者讨论了以下 Cahn-Hilliard 方程的各向同性以及各向异性特征：

$$\frac{\partial u}{\partial t} - \Delta P(-\Delta)u - \Delta f(u) = 0,$$

其中，$P(s) = \sum_{i=1}^{k} a_i s^i$，$a_k > 0$，$k \in \mathbb{N}$，$s \in \mathbb{R}$.

2017 年，Cherfils 等[174] 针对一类高阶广义的 Cahn-Hilliard 方程

$$\frac{\partial u}{\partial t} - \Delta \sum_{i=1}^{k}(-1)^i \sum_{|\alpha|=i} a_\alpha \mathcal{D}^{2\alpha}u - \Delta f(u) + g(x, u) = 0,$$

给出了解的适定性和正则性，证明了算子的耗散性以及整体吸引子的存在性，数值模拟的结果说明了方程的高阶项系数与各向异性特征关系密切.

数值方法方面，目前已有许多方法求解 Cahn-Hilliard 方程，如有限元方法[175-177]、间断 Galerkin（Discontinuous Galerkin）方法[178-180]、多重网格法（Multigrid）[181-182]、有限差分法（Finite Difference）[183-185] 等. 2007 年，Xia 等[186] 利用能量稳定的局部间断 Galerkin 方法求解 Cahn-Hilliard 方程. 2011 年，Wise[187] 利用空间自适应的笛卡儿曲面块法（Cartesian Patches）进行模拟，但是没有收敛性分析. 2012 年，Hawkins-Daarud 等[188] 利用混合有限元方法（Mixed Finite Element）模拟了一类含有 4 个种群的 Cahn-Hilliard 模型，所用格式为

时间一阶精度，空间连续的无条件梯度稳定格式. 2015 年，Aristotelous 等[49]利用二阶时间精度，空间采用间断 Galerkin 格式，数值模拟了肿瘤的生长过程.

许多物理现象相关的数学表达形式都可以看作 Cahn-Hilliard 方程的变形. 例如，种群动力学[158]、肿瘤生长[49,189]、微生物黏膜[190]、薄膜[191-192]、图像处理[146,193-196]、土星光环[197]、贻贝聚类分析现象[155,198]等.

事实上，以上多种物理现象都可以由下列广义 Cahn-Hilliard 方程来表达：

$$\frac{\partial u}{\partial t} + \Delta^2 u - \Delta f(u) + g(x, u) = 0. \tag{6.7}$$

该方程是基于所谓的 Ginzburg-Landau 自由能得到的，自由能

$$\Psi_{GL} = \int_\Omega \left(\frac{1}{2} |\nabla u|^2 + \mathcal{F}(u) \right) dx, \tag{6.8}$$

式中，u 表示序参量(Order Parameter，如原子密度)；Ω 是个规则的积分区域 $\mathbb{R}^n$，$n = 1$，2，3，边界记为 Γ；$\mathcal{F}$ 表示双阱势函数(Double-well Potential)；$|\nabla u|^2$ 表示短程相互作用(Short-ranged Interactions)，该项可以根据高阶项截断得出[124]，也可以认为其是长程相互作用(Long-ranged Interactions)中的一阶近似项[199-200].

2011 年，Caginalp 和 Esenturk 等[201-202]提出，高阶相场模型可以用来解释各向异性介质边界面，他们提出忽略温度项的改进自由能为

$$\Psi_{HOGL} = \int_\Omega \left(\frac{1}{2} \sum_{i=1}^{k} \sum_{|\alpha|=i} a_\alpha |\mathcal{D}^\alpha u|^2 + \mathcal{F}(u) \right) dx, \ k \in \mathbb{N}, \tag{6.9}$$

式中，$\boldsymbol{\alpha} = (k_1, \cdots, k_n) \in (\mathbb{N} \cup \{0\})^n$，$|\boldsymbol{\alpha}| = k_1 + \cdots + k_n$，对于 $\boldsymbol{\alpha} \neq (0, \cdots, 0)$，

$$\mathcal{D}^{\boldsymbol{\alpha}} = \frac{\partial^{|\alpha|}}{\partial x_1^{k_1} \cdots \partial x_n^{k_n}}$$

(定义 $\mathcal{D}^{(0, \cdots, 0)} v = v$). 相应的高阶 Cahn-Hilliard 方程表述为

$$\frac{\partial u}{\partial t} - \Delta \sum_{i=1}^{k} (-1)^i \sum_{|\alpha|=i} a_\alpha \mathcal{D}^{2\alpha} u - \Delta f(u) = 0. \tag{6.10}$$

2016 年，Cherfils 和 Miranville 等[171-172]讨论了相对应的各向同性介质模型，以及各向异性介质下的模型[173]

$$\frac{\partial u}{\partial t} - \Delta P(-\Delta) u - \Delta f(u) = 0, \tag{6.11}$$

式中，$P(s) = \sum_{i=1}^{k} a_i s^i$，$a_k > 0$，$k \in \mathbb{N}$，$s \in \mathbb{R}$.

2017 年，Cherfils 和 Miranville 等[174]进一步探讨了广义高阶 Cahn-Hilliard 方程在 Dirichlet 边界条件下的理论结果，以及从数值实验角度验证了该模型高阶项控制各向异性特征的有效性.

由平均场模型得出的与热力学相关的双阱势函数 $\mathcal{F}$ 可表示为如下对数函数：$\forall s \in (-1, 1)$，$0 < \theta < \theta_c$，

$$\mathcal{F}(s) = \frac{\theta_c}{2}(1 - s^2) + \frac{\theta}{2}\left((1-s)\ln\left(\frac{1-s}{2}\right) + (1+s)\ln\left(\frac{1+s}{2}\right) \right), \tag{6.12}$$

即

$$f(s) = -\theta_c s + \frac{\theta}{2}\ln\frac{1+s}{1-s}. \tag{6.13}$$

但双阱势函数 $\mathcal{F}$ 经常被以下函数近似替代：

$$\mathcal{F}(s) = \frac{1}{4}(s^2 - 1)^2, \tag{6.14}$$

此时

$$f(s) = s^3 - s. \tag{6.15}$$

6.2　高阶广义 Cahn-Hilliard 方程问题的设置

考虑如下初边值问题，对于 $k \in \mathbb{N}$，$k \geqslant 2$：

$$\frac{\partial u}{\partial t} - \Delta \sum_{i=1}^{k}(-1)^i \sum_{|\alpha|=i} a_\alpha \mathcal{D}^{2\alpha} u - \Delta f(u) + g(x, u) = 0$$

$$\mathcal{D}^\alpha u = 0 \text{ on } \Gamma, \quad |\alpha| \leqslant k \tag{6.16}$$

$$u|_{t=0} = u_0$$

（其中 $k = 1$ 的情形请参考文献［167］）.

假定

$$a_\alpha > 0, \quad |\alpha| = k, \tag{6.17}$$

并且引进椭圆算子 A_k：

$$\langle A_k v, w \rangle_{H^{-k}(\Omega),\, H_0^k(\Omega)} = \sum_{|\alpha|=k} a_\alpha((\mathcal{D}^\alpha v,\, \mathcal{D}^\alpha w)), \tag{6.18}$$

式中，$H^{-k}(\Omega)$ 为 $H_0^k(\Omega)$ 的对偶空间，$((\cdot,\, \cdot))$ 表示 L^2 空间内积，范数表示为 $\|\cdot\|$.

更一般地，记 $\|\cdot\|_X$ 为 Banach 空间 X 下的范数，令

$$\|\cdot\|_{-1} = \|(-\Delta)^{-\frac{1}{2}}\cdot\|$$

其中，$(-\Delta)^{-1}$ 为 Dirichlet 边界条件下的负 Laplace 逆算子. 由于

$$(v,\, w) \in H_0^k(\Omega)^2 \mapsto \sum_{|\alpha|=k} a_\alpha((\mathcal{D}^\alpha v,\, \mathcal{D}^\alpha w))$$

是双线性、对称、连续以及强制的，所以

$$A_k: H_0^k(\Omega) \to H^{-k}(\Omega)$$

是有意义的. 值得注意的是：由 $2k$ 阶线性椭圆算子的正则性[203-205]可知，A_k 在如下区域内是自伴（Selfadjoint）、具有紧致拓扑逆（Compact Inverse）、无界的正线性算子：

$$D(A_k) = H^{2k}(\Omega) \cap H_0^k(\Omega),$$

其中，对于 $v \in D(A_k)$，

$$A_k v = (-1)^k \sum_{|\alpha|=k} a_\alpha \mathcal{D}^{2\alpha} v.$$

此外，$D(A_k^{\frac{1}{2}}) = H_0^k(\Omega)$，对于 $(v,\, w) \in D(A_k^{\frac{1}{2}})^2$ 有

$$((A_k^{\frac{1}{2}}v,\, A_k^{\frac{1}{2}}w)) = \sum_{|\alpha|=k} a_\alpha((\mathcal{D}^\alpha v,\, \mathcal{D}^\alpha w)).$$

所以，有 $\| A_k \cdot \|$ 等价于 $D(A_k)$ 上的 H^{2k} 范数[24]，或者说 $\| A_k^{\frac{1}{2}} \cdot \|$ 等价于 $D(A_k^{\frac{1}{2}})$ 上的 H^k 范数.

类似地，我们定义线性算子 $\overline{A}_k = -\Delta A_k$，

$$\overline{A}_k: H_0^{k+1}(\Omega) \to H^{-k-1}(\Omega),$$

则 $\overline{A}_k$ 在如下区域内也是自伴、具有紧致拓扑逆、无界的正线性算子：

$$D(\overline{A}_k) = H^{2k+2}(\Omega) \cap H_0^{k+1}(\Omega),$$

其中，对于 $v \in D(\overline{A}_k)$，

$$\overline{A}_k v = (-1)^{k+1} \Delta \sum_{|\boldsymbol{\alpha}| = k} a_{\boldsymbol{\alpha}} \mathcal{D}^{2\boldsymbol{\alpha}} v.$$

此外，$D(\overline{A}_k^{\frac{1}{2}}) = H_0^{k+1}(\Omega)$，对于 $(v, w) \in D(\overline{A}_k^{\frac{1}{2}})^2$，有

$$((\overline{A}_k^{\frac{1}{2}} v, \overline{A}_k^{\frac{1}{2}} w)) = \sum_{|\boldsymbol{\alpha}| = k} a_{\boldsymbol{\alpha}} ((\nabla \mathcal{D}^{\boldsymbol{\alpha}} v, \nabla \mathcal{D}^{\boldsymbol{\alpha}} w)).$$

因此，$\| \overline{A}_k \cdot \|$ 等价于 $D(\overline{A}_k)$ 上的 H^{2k+2} 范数，或者说 $\| \overline{A}_k^{\frac{1}{2}} \cdot \|$ 等价于 $D(\overline{A}_k^{\frac{1}{2}})$ 上的 H^{k+1} 范数.

最后，我们考虑算子 $\widetilde{A}_k = (-\Delta)^{-1} A_k$，其中

$$\widetilde{A}_k: H_0^{k-1}(\Omega) \to H^{-k+1}(\Omega);$$

由于 $-\Delta$ 和 A_k 可交换，因此 $(-\Delta)^{-1}$ 和 A_k 也可交换，故有 $\widetilde{A}_k = A_k (-\Delta)^{-1}$.

因此，我们有如下引理成立.

引理 6.1 算子 $\widetilde{A}_k$ 在如下区域内是自伴、具有紧致拓扑逆、无界的正线性算子：

$$D(\widetilde{A}_k) = H^{2k-2}(\Omega) \cap H_0^{k-1}(\Omega),$$

其中，对于 $v \in D(\widetilde{A}_k)$，满足

$$\widetilde{A}_k v = (-1)^k \sum_{|\boldsymbol{\alpha}| = k} a_{\boldsymbol{\alpha}} \mathcal{D}^{2\boldsymbol{\alpha}} (-\Delta)^{-1} v.$$

且 $D(\widetilde{A}_k^{\frac{1}{2}}) = H_0^{k-1}(\Omega)$，对于 $(v, w) \in D(\widetilde{A}_k^{\frac{1}{2}})^2$，

$$(\widetilde{A}_k^{\frac{1}{2}} v, \widetilde{A}_k^{\frac{1}{2}} w) = \sum_{|\boldsymbol{\alpha}| = k} a_{\boldsymbol{\alpha}} ((\mathcal{D}^{\boldsymbol{\alpha}} (-\Delta)^{-\frac{1}{2}} v, \mathcal{D}^{\boldsymbol{\alpha}} (-\Delta)^{-\frac{1}{2}} w)).$$

因此，$\| \widetilde{A}_k \cdot \|$ 等价于 $D(\widetilde{A}_k)$ 上的 H^{2k-2} 范数，或者说，$\| \widetilde{A}_k^{\frac{1}{2}} \cdot \|$ 等价于 $D(\widetilde{A}_k^{\frac{1}{2}})$ 上的 H^{k-1} 范数.

证明 首先，$\widetilde{A}_k$ 是无界、线性算子，由于 $(-\Delta)^{-1}$ 和 A_k 可交换，所以 $\widetilde{A}_k$ 是自伴的. 其次，定义 $\widetilde{A}_k$ 的定义域为

$$D(\widetilde{A}_k) = \{v \in H_0^{k-1}(\Omega), \ \widetilde{A}_k v \in L^2(\Omega)\},$$

由于 $\widetilde{A}_k v = f$, $f \in L^2(\Omega)$, $v \in D(\widetilde{A}_k)$, 等价于 $A_k v = -\Delta f$, 其中, $-\Delta f \in H^2(\Omega)'$, 根据椭圆正则性[203-205] 可知, $v \in H^{2k-2}(\Omega)$, 因此 $D(\widetilde{A}_k) = H^{2k-2}(\Omega) \cap H_0^{k-1}(\Omega)$. 考虑 $\widetilde{A}_k^{-1}$ 将 $L^2(\Omega)$ 映射到 $H^{2k-2}(\Omega)$, 并且 $k \geq 2$, 我们得出 $\widetilde{A}_k$ 具有紧致拓扑逆.

下面考虑 $-\Delta$ 和 A_k 的谱性质[24], 由于这两个算子可交换, 则存在特征向量作为谱空间的基函数, 从而得出 $\forall s_1, s_2 \in \mathbb{R}$, $(-\Delta)^{s_1}$ 和 $A_k^{s_2}$ 可交换. 我们进一步可得出 $\widetilde{A}_k^{\frac{1}{2}} = (-\Delta)^{-\frac{1}{2}} A_k^{\frac{1}{2}}$, 以至于 $D(\widetilde{A}_k^{\frac{1}{2}}) = H_0^{k-1}(\Omega)$, 对于 $(v, w) \in D(\widetilde{A}_k^{\frac{1}{2}})^2$,

$$((\widetilde{A}_k^{\frac{1}{2}} v, \widetilde{A}_k^{\frac{1}{2}} w)) = \sum_{|\boldsymbol{\alpha}|=k} a_{\boldsymbol{\alpha}} ((\mathcal{D}^{\boldsymbol{\alpha}} (-\Delta)^{-\frac{1}{2}} v, \mathcal{D}^{\boldsymbol{\alpha}} (-\Delta)^{-\frac{1}{2}} w)).$$

根据前述等价范数有 $\| \widetilde{A}_k^{\frac{1}{2}} \cdot \|$ 等价于 $\| (-\Delta)^{-\frac{1}{2}} \cdot \|_{H^k(\Omega)}$, 于是也等价于 $\| (-\Delta)^{\frac{k-1}{2}} \cdot \|$, 证明完毕.

将 (6.16) 改写为

$$\frac{\partial u}{\partial t} - \Delta A_k u - \Delta B_k u - \Delta f(u) + g(x, u) = 0, \tag{6.19}$$

其中

$$B_k v = \sum_{i=1}^{k-1} (-1)^i \sum_{|\boldsymbol{\alpha}|=i} a_{\boldsymbol{\alpha}} \mathcal{D}^{2\boldsymbol{\alpha}} v.$$

针对 f, g 给出下列假设:

(1) 假定非线性项 f 满足

$$
\begin{aligned}
& f \in C^2(\mathbb{R}), \ f(0) = 0, \\
& f' \geq -c_0, \ c_0 \geq 0, \\
& f(s)s \geq c_1 \mathcal{F}(s) - c_2 \geq -c_3, \ c_1 > 0, \ c_2, c_3 \geq 0, \ s \in \mathbb{R}, \\
& \mathcal{F}(s) \geq c_4 s^4 - c_5, \ c_4 > 0, \ c_5 \geq 0, \ s \in \mathbb{R},
\end{aligned}
\tag{6.20}
$$

其中, $\mathcal{F}(s) = \int_0^s f(\xi) \mathrm{d}\xi$. 特别地, 三次非线性项 $f(s) = s^3 - s$ 满足上述假设条件.

(2) 对于 g 给予如下假设:

$$
\begin{aligned}
& g(\cdot, s) \text{ 是可测的}, \ \forall s \in \mathbb{R}, \ g(x, \cdot) \in C^1, \ \text{a. e. } x \in \Omega, \\
& \frac{\partial g}{\partial s}(\cdot, s) \text{ 可测}, \ \forall s \in \mathbb{R}; \\
& g(x, s) | \leq h(s), \ \text{a. e. } x \in \Omega, \ s \in \mathbb{R},
\end{aligned}
\tag{6.21}
$$

其中, $h \geq 0$ 连续且满足关系

$$\| h(v) \| \| v \| \leq \varepsilon \int_{\Omega} \mathcal{F}(v) \mathrm{d}x + c_{\varepsilon}, \ \forall \varepsilon > 0, \tag{6.22}$$

$\forall v \in L^2(\Omega)$ 有 $\int_{\Omega} \mathcal{F}(v) \mathrm{d}x < +\infty$, 且

$$|h(s)|^2 \leqslant c_6 \mathscr{F}(s) + c_7, \ c_6, \ c_7 \geqslant 0, \ s \in \mathbb{R},$$

$$\left| \frac{\partial g}{\partial s}(x, s) \right| \leqslant l(s), \ \text{a. e. } x \in \Omega, \ s \in \mathbb{R}, \tag{6.23}$$

其中, $l \geqslant 0$ 连续.

例 6.1 假设 $f(s) = s^3 - s$, $g(x, s)$ 满足式(6.21)~式(6.23), 则广义高阶的 Cahn-Hilliard 方程可以应用于以下几个方面:

(1) Cahn-Hilliard-Oono 方程[166,206-207]

$$g(x, s) = g(s) = \beta s, \ \beta > 0.$$

文献[206]提出该函数 $g(x, s)$ 的目的, 既用来解释远程相互作用(例如, 非局部), 也是为了简化数值模拟.

(2) 细胞增殖项

$$g(x, s) = g(s) = \beta s(s - 1), \ \beta > 0.$$

文献[189]提出该函数是针对生物应用的, 更准确地说, 是针对伤口愈合、一维空间的肿瘤生长以及二维空间的脑肿瘤细胞聚类分析; 此外, 文献[49]也给出了其他的二次函数.

(3) 图像保真项

$$g(x, s) = \lambda_0 \chi_{\Omega \setminus D}(x)(s - \varphi(x)), \ \lambda_0 > 0, \ D \subset \Omega, \ \varphi \in L^2(\Omega),$$

其中, χ 为指示函数, 该函数被文献[193-194]应用于图像修复, φ 和 D 分别表示待修复的图像和区域, 保真项 $g(x, u)$ 是为了保证解接近待修复图像的外围. 该模型的思想是计算方程的稳态解, 以便获得图像 $\varphi(x)$ 的修复解 $u(x)$.

6.3 先验估计

命题 6.2 方程(6.16)的任意正则解都满足以下估计: 对于给定的 $c' > 0$, $t \geqslant 0$, $r > 0$,

$$\| u(t) \|^2_{H^k(\Omega)} \leqslant c e^{-c't} (\| u_0 \|^2_{H^k(\Omega)} + \int_\Omega \mathscr{F}(u_0) \mathrm{d}x) + c'', \ c' > 0, \ t \geqslant 0, \tag{6.24}$$

$$\int_t^{t+r} \left\| \frac{\partial u}{\partial t} \right\|^2_{-1} \mathrm{d}s \leqslant c e^{-c't} \left(\| u_0 \|^2_{H^k(\Omega)} + \int_\Omega \mathscr{F}(u_0) \mathrm{d}x \right) + c'', \tag{6.25}$$

以及

$$\| u(t) \|_{H^{2k}(\Omega)} \leqslant Q(e^{-ct} Q'(\| u_0 \|_{H^k(\Omega)}) + c'), \ c > 0, \ t \geqslant 1, \tag{6.26}$$

其中, 单调递增的连续函数 Q 满足 $Q(s) = cse^{c's}$.

证明 在式(6.19)两边同时乘以 $(-\Delta)^{-1} \dfrac{\partial u}{\partial t}$, 然后在积分区域 Ω 上积分, 利用分部积分公式有

$$\frac{\mathrm{d}}{\mathrm{d}t} (\| A^{\frac{1}{k}} u \|^2 + B^{\frac{1}{k}}_k[u] + 2\int_\Omega \mathscr{F}(u) \mathrm{d}x) + 2 \left\| \frac{\partial u}{\partial t} \right\|^2_{-1} = - \left(\left(g(\cdot, u), (-\Delta)^{-1} \frac{\partial u}{\partial t} \right) \right),$$

其中，

$$B_k^{\frac{1}{2}}[u] = \sum_{i=1}^{k-1} \sum_{|\alpha|=i} a_\alpha \parallel \mathcal{D}^\alpha u \parallel^2,$$

且 $B_k^{\frac{1}{2}}[u]$ 未必是非负的. 由式(6.21)和式(6.23)可得

$$\frac{d}{dt}\left(\parallel A_k^{\frac{1}{2}} u \parallel^2 + B_k^{\frac{1}{2}}[u] + 2\int_\Omega \mathcal{F}(u)dx\right) + \left\Vert \frac{\partial u}{\partial t}\right\Vert_{-1}^2 \leq c\int_\Omega \mathcal{F}(u)dx + c'. \quad (6.27)$$

根据插值不等式

$$\parallel v \parallel_{H^i(\Omega)} \leq c(i) \parallel v \parallel_{H^m(\Omega)}^{\frac{i}{m}} \parallel v \parallel^{1-\frac{i}{m}},$$
$$v \in H^m(\Omega), \ i \in \{1,\dots,m-1\}, \ m \in \mathbb{N}, \ m \geq 2, \quad (6.28)$$

有

$$\left| B_k^{\frac{1}{2}}[u] \right| \leq \frac{1}{2} \parallel A_k^{\frac{1}{2}} u \parallel^2 + c \parallel u \parallel^2.$$

结合式(6.20)便得出

$$\parallel A_k^{\frac{1}{2}} u \parallel^2 + B_k^{\frac{1}{2}}[u] + 2\int_\Omega \mathcal{F}(u)dx \geq \frac{1}{2} \parallel A_k^{\frac{1}{2}} u \parallel^2 + \int_\Omega \mathcal{F}(u)dx + c \parallel u \parallel_{L^4(\Omega)}^4 - c' \parallel u \parallel^2 - c'',$$

因此

$$\parallel A_k^{\frac{1}{2}} u \parallel^2 + B_k^{\frac{1}{2}}[u] + 2\int_\Omega \mathcal{F}(u)dx \geq c\left(\parallel u \parallel_{H^k(\Omega)}^2 + \int_\Omega \mathcal{F}(u)dx \right) - c', \ c > 0. \quad (6.29)$$

由 Young's 不等式有

$$\parallel u \parallel^2 \leq \varepsilon \parallel u \parallel_{L^4(\Omega)}^4 + c_\varepsilon, \ \forall \varepsilon > 0. \quad (6.30)$$

在式(6.19)两边同时乘以 $(-\Delta)^{-1} u$，根据式(6.20)、式(6.21)、式(6.22)以及插值不等式(6.28)，得

$$\frac{d}{dt}\parallel u \parallel_{-1}^2 + c\left(\parallel u \parallel_{H^k(\Omega)}^2 + \int_\Omega \mathcal{F}(u)dx \right) \leq c' \parallel u \parallel^2 + \varepsilon\int_\Omega \mathcal{F}(u)dx + c_\varepsilon'', \ \forall \varepsilon > 0.$$

上述方法结合式(6.20)可得

$$\frac{d}{dt}\parallel u \parallel_{-1}^2 + c\left(\parallel u \parallel_{H^k(\Omega)}^2 + \int_\Omega \mathcal{F}(u)dx \right) \leq c', \ c > 0. \quad (6.31)$$

对于充分小的 $\delta_1 > 0$，式(6.27)乘上 δ_1 后，与式(6.31)相加，我们得到如下微分不等式：

$$\frac{dE_1}{dt} + c\left(E_1 + \left\Vert \frac{\partial u}{\partial t}\right\Vert_{-1}^2 \right) \leq c', \ c > 0. \quad (6.32)$$

根据式(6.29)可知，

$$E_1 = \delta_1\left(\parallel A_k^{\frac{1}{2}} u \parallel^2 + B_k^{\frac{1}{2}}[u] + 2\int_\Omega \mathcal{F}(u)dx \right) + \parallel u \parallel_{-1}^2,$$

满足关系

$$E_1 \geq c\left(\parallel u \parallel_{H^k(\Omega)}^2 + \int_\Omega \mathcal{F}(u)dx \right) - c', \ c > 0. \quad (6.33)$$

所以有

$$E_1 \leqslant c \parallel u \parallel_{H^k(\Omega)}^2 + 2\int_\Omega \mathcal{F}(u)\,\mathrm{d}x$$

$$\leqslant c\left(\parallel u \parallel_{H^k(\Omega)}^2 + \int_\Omega \mathcal{F}(u)\,\mathrm{d}x\right) - c',\ c > 0,\ c' \geqslant 0.$$

根据式(6.32)、式(6.33)和Gronwall's引理，便得出式(6.24)、式(6.25).

下面证明式(6.26).

在式(6.19)两边乘上 $\widetilde{A}_k u$，由式(6.21)和插值不等式(6.28)，得出

$$\frac{\mathrm{d}}{\mathrm{d}t}\parallel \widetilde{A}_k^{\frac{1}{2}} u \parallel^2 + c\parallel u \parallel_{H^{2k}(\Omega)}^2 \leqslant c(\parallel u \parallel^2 + \parallel f(u) \parallel^2 + \parallel h(u) \parallel^2). \tag{6.34}$$

根据 f，$\mathcal{F}$，h 的连续性，连续嵌入 $H^k(\Omega) \subset C(\overline{\Omega})(k \geqslant 2)$ 以及式(6.24)，得

$$\parallel u \parallel^2 + \parallel f(u) \parallel^2 + \parallel h(u) \parallel^2 \leqslant Q(\parallel u \parallel_{H^k(\Omega)})$$

$$\leqslant \mathrm{e}^{-ct}Q(\parallel u_0 \parallel_{H^k(\Omega)}) + c',\ c > 0,\ t \geqslant 0, \tag{6.35}$$

于是有

$$\frac{\mathrm{d}}{\mathrm{d}t}\parallel \widetilde{A}_k^{\frac{1}{2}} u \parallel^2 + c\parallel u \parallel_{H^{2k}(\Omega)}^2 \leqslant \mathrm{e}^{-c't}Q(\parallel u_0 \parallel_{H^k(\Omega)}) + c'',\ c,\ c' > 0,\ t \geqslant 0. \tag{6.36}$$

将式(6.32)和式(6.36)两式相加，得出如下微分不等式：

$$\frac{\mathrm{d}E_2}{\mathrm{d}t} + c\left(E_2 + \parallel u \parallel_{H^{2k}(\Omega)}^2 + \left\parallel \frac{\partial u}{\partial t}\right\parallel_{-1}^2\right) \leqslant \mathrm{e}^{-c't}Q(\parallel u_0 \parallel_{H^k(\Omega)}) + c'',\ c,\ c' > 0,\ t \geqslant 0, \tag{6.37}$$

其中，$E_2 = E_1 + \parallel \widetilde{A}_k^{\frac{1}{2}} u \parallel^2$，且满足关系

$$E_2 \geqslant c\left(\parallel u \parallel_{H^k(\Omega)}^2 + \int_\Omega \mathcal{F}(u)\,\mathrm{d}x\right) - c',\ c > 0. \tag{6.38}$$

将 $\frac{\partial u}{\partial t}$ 乘上式(6.19)，（注意到 $f \in C^2$）有

$$\parallel \Delta f(u) \parallel \leqslant Q(\parallel u \parallel_{H^k(\Omega)}).$$

重复前述过程，得

$$\frac{\mathrm{d}}{\mathrm{d}t}(\parallel \overline{A}_k^{\frac{1}{2}} u \parallel^2 + \overline{B}_k^{\frac{1}{2}}[u]) + \left\parallel \frac{\partial u}{\partial t}\right\parallel^2 \leqslant \mathrm{e}^{-c't}Q(\parallel u_0 \parallel_{H^k(\Omega)}) + c'',\ c,\ c' > 0, \tag{6.39}$$

其中，

$$\overline{B}_k^{\frac{1}{2}}[u] = \sum_{i=1}^{k-1}\sum_{|\alpha|=i} a_\alpha \parallel \nabla \mathcal{D}^\alpha u \parallel^2.$$

将式(6.37)和式(6.39)相加，得到微分不等式

$$\frac{\mathrm{d}E_3}{\mathrm{d}t} + c\left(E_3 + \parallel u \parallel_{H^{2k}(\Omega)}^2 + \left\parallel \frac{\partial u}{\partial t}\right\parallel^2\right) \leqslant \mathrm{e}^{-c't}Q(\parallel u_0 \parallel_{H^k(\Omega)}) + c'',\ c,\ c' > 0,\ t \geqslant 0, \tag{6.40}$$

其中，

$$E_3 = E_2 + \| \overline{A}_k^{\frac{1}{2}} u \|^2 + \overline{B}_k^{\frac{1}{2}} [u],$$

满足关系

$$E_3 \geqslant c \left(\| u \|_{H^{k+1}(\Omega)}^2 + \int_\Omega \mathcal{F}(u)\,\mathrm{d}x \right) - c', \quad c > 0. \tag{6.41}$$

联立式(6.40)、式(6.41)，得

$$\| u(t) \|_{H^{k+1}(\Omega)} \leqslant \mathrm{e}^{-ct} Q(\| u_0 \|_{H^{k+1}(\Omega)}) + c', \quad c > 0, \quad t \geqslant 0. \tag{6.42}$$

改写式(6.19)为椭圆方程，对于固定的 $t > 0$，有

$$A_k u = -(-\Delta)^{-1} \frac{\partial u}{\partial t} - B_k u - f(u) - (-\Delta)^{-1} g(x, u), \quad \mathscr{D}^\alpha u = 0 \text{ on } \Gamma, \quad |\alpha| \leqslant k - 1. \tag{6.43}$$

式(6.43)乘以 $A_k u$，由式(6.21)和插值不等式(6.28)，得

$$\| A_k u \|^2 \leqslant c \left(\| u \|^2 + \| f(u) \|^2 + \| h(u) \|^2 + \left\| \frac{\partial u}{\partial t} \right\|_{-1}^2 \right), \tag{6.44}$$

结合式(6.35)，得

$$\| u \|_{H^{2k}(\Omega)}^2 \leqslant c \left(\mathrm{e}^{-c't} Q(\| u_0 \|_{H^k(\Omega)}) + \left\| \frac{\partial u}{\partial t} \right\|_{-1}^2 \right) + c'', \quad c' > 0. \tag{6.45}$$

下一步，对式(6.19)关于时间求导，得

$$\frac{\partial}{\partial t} \frac{\partial u}{\partial t} - \Delta A_k \frac{\partial u}{\partial t} - \Delta B_k \frac{\partial u}{\partial t} - \Delta \left(f'(u) \frac{\partial u}{\partial t} \right) + \frac{\partial g}{\partial s}(x, u) \frac{\partial u}{\partial t} = 0,$$

$$\mathscr{D}^\alpha \frac{\partial u}{\partial t} = 0 \text{ on } \Gamma, \quad |\boldsymbol{\alpha}| \leqslant k. \tag{6.46}$$

在式(6.46)两边乘上 $(-\Delta)^{-1} \frac{\partial u}{\partial t}$，根据式(6.20)、式(6.23)、插值不等式(6.28)，连续嵌入 $H^2(\Omega) \subset L^\infty(\Omega)$，得

$$\frac{\mathrm{d}}{\mathrm{d}t} \left\| \frac{\partial u}{\partial t} \right\|_{-1}^2 + c \left\| \frac{\partial u}{\partial t} \right\|_{H^k(\Omega)}^2 \leqslant c' \left(\left\| \frac{\partial u}{\partial t} \right\|^2 + \| l(u) \| \left\| \frac{\partial u}{\partial t} \right\| \left\| (-\Delta)^{-1} \frac{\partial u}{\partial t} \right\|_{L^\infty(\Omega)} \right)$$

$$\leqslant c' \left(\left\| \frac{\partial u}{\partial t} \right\|^2 + \| l(u) \| \left\| \frac{\partial u}{\partial t} \right\|^2 \right), \quad c > 0,$$

进一步使用插值不等式，得

$$\| v \|^2 \leqslant c \| v \|_{-1} \| v \|_{H^1(\Omega)}, \quad v \in H_0^1(\Omega), \tag{6.47}$$

结合 $l(u)$ 的连续性，得到微分不等式

$$\frac{\mathrm{d}}{\mathrm{d}t} \left\| \frac{\partial u}{\partial t} \right\|_{-1}^2 + c \left\| \frac{\partial u}{\partial t} \right\|_{H^k(\Omega)}^2 \leqslant c' (\mathrm{e}^{-c''t} Q(\| u_0 \|_{H^k(\Omega)}) + 1) \left\| \frac{\partial u}{\partial t} \right\|_{-1}^2, \quad c, \ c'' > 0. \tag{6.48}$$

特别地，由式(6.25)和一致 Gronwall's 引理[24]，得(对于给定的 $r > 0$)

$$\left\| \frac{\partial u}{\partial t}(t) \right\|_{-1} \leqslant \frac{1}{r^{\frac{1}{2}}} Q(\mathrm{e}^{-ct} Q'(\| u_0 \|_{H^k(\Omega)}) + c'), \quad c > 0, \quad t \geqslant r. \tag{6.49}$$

最终，由式(6.45)和式(6.49)(取 $r = 1$)便知式(6.26)成立. 证毕.

注 6.1 如果假设 $u_0 \in H^{2k+1}(\Omega) \cap H_0^k(\Omega)$，则根据式 (6.45)、式 (6.48) 和 Gronwall's 引理，可以推导出 u 在 $[0, 1]$ 上的 H^{2k} 估计，再结合式 (6.26)，便能推导出 u 关于整个时间域的 H^{2k} 估计，但是对于吸引子而言，结果并不理想.

注 6.2 为简单起见，假设 $g(x, s) = g(s) \in C^{k-1}$ 以及 $f \in C^{k+1}$，将式 (6.19) 乘以 $\widetilde{A}_k \dfrac{\partial u}{\partial t}$，得

$$\frac{1}{2} \frac{\mathrm{d}}{\mathrm{d}t} (\| A_k u \|^2 + ((A_k u, B_k u))) + \| \widetilde{A}_k^{\frac{1}{2}} \frac{\partial u}{\partial t} \|^2 = - \left(\left(\overline{A}_k^{\frac{1}{2}} f(u), \widetilde{A}_k^{\frac{1}{2}} \frac{\partial u}{\partial t} \right) \right) - \left(\left(\widetilde{A}_k^{\frac{1}{2}} g(u), \widetilde{A}_k^{\frac{1}{2}} \frac{\partial u}{\partial t} \right) \right),$$

考虑式 (6.42) 以及 $\| \overline{A}_k^{\frac{1}{2}} f(u) \|^2 + \| \widetilde{A}_k^{\frac{1}{2}} g(u) \|^2 \leqslant Q(\| u \|_{H^{k+1}(\Omega)})$，于是有

$$\frac{\mathrm{d}}{\mathrm{d}t} (\| A_k u \|^2 + ((A_k u, B_k u))) \leqslant \mathrm{e}^{-ct} Q(\| u_0 \|_{H^{k+1}(\Omega)}) + c', \quad c > 0, \ t \geqslant 0. \tag{6.50}$$

结合式 (6.50)、式 (6.40)、式 (6.41) 以及插值不等式 (6.28)，有

$$\| u(t) \|_{H^{2k}(\Omega)} \leqslant Q(\| u_0 \|_{H^{2k}(\Omega)}), \quad t \in [0, 1],$$

又由于式 (6.26)，最终可得

$$\| u(t) \|_{H^{2k}(\Omega)} \leqslant Q(\mathrm{e}^{-ct} Q'(\| u_0 \|_{H^{2k}(\Omega)}) + c'), \quad c > 0, \ t \geqslant 0. \tag{6.51}$$

6.4 耗 散 半 群

首先，我们给出初边值问题 (6.16) 弱解的定义.

定义 6.3 假设 $u_0 \in L^2(\Omega)$，对于任意给定的 $T > 0$，函数 u 在分布意义下满足关系

$$u \in C([0, T]; L^2(\Omega)) \cap L^2(0, T; H_0^k(\Omega)),$$
$$u(0) = u_0 \text{ in } L^2(\Omega)$$

且

$$\frac{\mathrm{d}}{\mathrm{d}t} (((-\Delta)^{-1} u, v)) + \sum_{i=1}^{k} \sum_{|\alpha|=i} a_i ((\mathbb{D}^\alpha u, \mathbb{D}^\alpha v)) + ((f(u), v))$$
$$+ (((-\Delta)^{-1} g(x, u), v)) = 0, \quad \forall v \in H_0^k(\Omega),$$

则 u 称为初边值问题 (6.16) 的弱解.

于是我们得出如下定理:

定理 6.4 (1) 如果 $u_0 \in H_0^k(\Omega)$，则式 (6.16) 存在唯一的弱解 u 满足关系: $\forall T > 0$，

$$u \in L^{\infty}(\mathbb{R}^+;\ H_0^k(\Omega)) \cap L^2(0,\ T;\ H^{2k}(\Omega) \cap H_0^k(\Omega))$$

和

$$\frac{\partial u}{\partial t} \in L^2(0,\ T;\ H^{-1}(\Omega)).$$

（2）如果 $u_0 \in H^{k+1}(\Omega) \cap H_0^k(\Omega)$，则式（6.16）存在唯一的弱解 u 满足：$\forall T > 0$，
$$u \in L^{\infty}(\mathbb{R}^+;\ H^{k+1}(\Omega) \cap H_0^k(\Omega))$$

和

$$\frac{\partial u}{\partial t} \in L^2(0,\ T;\ L^2(\Omega)).$$

（3）如果进一步假定 $f \in C^{k+1}$，$g(x,\ s) = g(s) \in C^{k-1}$ 以及 $u_0 \in H^{2k}(\Omega) \cap H_0^k(\Omega)$，则弱解 u 满足：

$$u \in L^{\infty}(\mathbb{R}^+;\ H^{2k}(\Omega) \cap H_0^k(\Omega)).$$

证明　前一节中先验估计部分直接推导了（1），（2）和（3）中的存在性和正则性. 由于算子

$$-\Delta,\quad \overline{A}_k,\quad \widetilde{A}_k$$

是自伴的、具有紧致拓扑逆的正线性算子，都能由特征向量形成谱空间基函数，所以我们可以选取这些基函数作为 Galerkin 基函数，使得前述的所有先验估计在 Galerkin 格式中都是成立的.

下面证明唯一性.

令 u_1 和 u_2 分别为式（6.16）在初值 $u_{0,1}$ 和 $u_{0,2}$ 下的解，设

$$u = u_1 - u_2,\ u_0 = u_{0,1} - u_{0,2},$$

则有

$$\frac{\partial u}{\partial t} - \Delta A_k u - \Delta B_k u - \Delta(f(u_1) - f(u_2)) + g(x,\ u_1) - g(x,\ u_2) = 0,$$
$$\mathbb{D}^{\alpha} u = 0 \text{ on } \Gamma,\ |\boldsymbol{\alpha}| \leqslant k, \tag{6.52}$$
$$u|_{t=0} = u_0.$$

将式（6.52）乘以 $(-\Delta)^{-1}u$，由式（6.23）和式（6.24），则有

$$\|g(x,\ u_1) - g(x,\ u_2)\| \leqslant Q(\|u_1\|_{H^k(\Omega)},\ \|u_2\|_{H^k(\Omega)})\|u\|$$
$$\leqslant Q(\|u_{0,1}\|_{H^k(\Omega)},\ \|u_{0,2}\|_{H^k(\Omega)})\|u\|.$$

根据式（6.20）及插值不等式（6.28）和式（6.47），得

$$\frac{\mathrm{d}}{\mathrm{d}t}\|u\|_{-1}^2 + c\|u\|_{H^k(\Omega)}^2 \leqslant Q\|u\|_{-1}^2,\ c > 0, \tag{6.53}$$

其中，

$$Q = Q(\|u_{0,1}\|_{H^k(\Omega)},\ \|u_{0,2}\|_{H^k(\Omega)}).$$

由式（6.53）和 Gronwall's 引理，便有

$$\|u(t)\|_{-1}^2 \leqslant \mathrm{e}^{Qt}\|u_0\|_{-1}^2,\ t \geqslant 0. \tag{6.54}$$

因此，在 H^{-1} 范数下，解 $u(t)$ 连续唯一地依赖于初始值 u_0. 证毕.

根据定理 6.4，我们可以定义解算子系：

$$S(t): \Phi \to \Phi, \ u_0 \mapsto u(t), \ t \geq 0,$$

其中，$\Phi = H_0^k(\Omega)$. 这个解算子系构成了在 H^{-1} 空间连续的半群. 最后，由式 (6.24) 可得如下定理.

定理 6.5 半群 $S(t)$ 在 Φ 中是耗散的，具有有界的吸引集 $\mathcal{B}_0 \subset \Phi$. 即，$\forall B \subset \Phi$ 有界，则 $\exists t_0 = t_0(B) \geq 0$，满足 $t \geq t_0 \Rightarrow S(t)B \subset \mathcal{B}_0$.

注 6.3 (1) 实际上，根据式 (6.26) 可以得出一个有界的吸引集 $\mathcal{B}_1$，该吸引集在 Φ 中是紧的，且在 $H^{2k}(\Omega)$ 中有界. 由此得出，存在一个在 Φ 中紧的、在 $H^{2k}(\Omega)$ 中有界的整体吸引子 $\mathcal{A}$.

(2) 由于整体吸引子 $\mathcal{A}$ 是不变相空间的最小紧集 (即 $S(t)\mathcal{A} = \mathcal{A}$，$\forall t \geq 0$)，随着时间推移，吸引了初始数据所有的有界集，因此整体吸引子对于研究系统的渐进行为是比较合适的.

(3) 可以证明，$\mathcal{A}$ 在覆盖维数 (例如，Hausdorff 和分形维数) 的意义下是有限维的，所谓"有限维"，是指尽管初始相空间是无限维，但是简化动力学可以用有限维 (更少自由度) 来描述，更详细内容请参考文献 [24, 208].

注 6.4 在下一章将进行数值模拟，采用的都是周期边界条件，从数学角度出发，这些边界条件需要更加细腻地处理，因为需要估计序参量 u 的空间平均值[126,146,155]：$\langle u \rangle = \dfrac{1}{\mathrm{Vol}(\Omega)} \int_\Omega u \, \mathrm{d}x$. 当 $g \equiv 0$ 时，则有质量守恒关系，此时

$$\langle u(t) \rangle = \langle u_0 \rangle, \ \forall t \geq 0.$$

但是，当 $g \neq 0$ 时，便很难估计这个量.

第7章　两类高阶 Cahn-Hilliard 方程的数值模拟

本章我们针对两类高阶 Cahn-Hilliard 方程：前一章中讨论的高阶广义 Cahn-Hilliard 方程和高阶广义 Cahn-Hilliard 方程的双曲松弛形式进行数值模拟，充分体现出了 Cahn-Hilliard 方程高阶项控制各向异性特征的有效性. 所有的算例都是基于 FreeFem++[209] 环境下实现的，选取的参数为 $k = 2$，区域 Ω 为二维矩形，以及周期边界条件.

7.1　高阶广义 Cahn-Hilliard 方程的数值模拟

针对高阶广义 Cahn-Hilliard 方程(6.16)，取 $k = 2$ 时有

$$\begin{cases} \dfrac{\partial u}{\partial t} + \Delta w + \dfrac{1}{\varepsilon} g(x,\ u) = 0, \\[2mm] w + a_{20}\varepsilon \dfrac{\partial^4 u}{\partial x^4} + a_{02}\varepsilon \dfrac{\partial^4 u}{\partial y^4} + a_{11}\varepsilon \dfrac{\partial^4 u}{\partial x^2 \partial y^2} - a_{10}\varepsilon \dfrac{\partial^2 u}{\partial x^2} - a_{01}\varepsilon \dfrac{\partial^2 u}{\partial y^2} + \dfrac{1}{\varepsilon} f(u) = 0, \\[2mm] u,\ w \text{ 为 } \Omega - \text{周期边界}, \\[1mm] u(0,\ x,\ y) = u_0(x,\ y), \end{cases}$$

其中，$\varepsilon > 0$ 表示扩散界面的厚度. 令

$$\frac{\partial^2 u}{\partial x^2} = p, \qquad \frac{\partial^2 u}{\partial y^2} = q, \qquad \frac{\partial^4 u}{\partial x^2 \partial y^2} = \frac{1}{2}\frac{\partial^2 p}{\partial y^2} + \frac{1}{2}\frac{\partial^2 q}{\partial x^2},$$

根据分部积分法，所求问题转变为：求解 $(u,\ w,\ p,\ q) \in H^1_{\mathrm{per}}(\Omega)^4$ 使得下式成立

$$\begin{cases} \left(\left(\dfrac{\partial u}{\partial t},\ v_1\right)\right) - ((\nabla w,\ \nabla v_1)) + \dfrac{1}{\varepsilon}((g(x,\ u),\ v_1)) = 0, \\[3mm] ((w,\ v_2)) - a_{20}\varepsilon\left(\left(\dfrac{\partial p}{\partial x},\ \dfrac{\partial v_2}{\partial x}\right)\right) - a_{02}\varepsilon\left(\left(\dfrac{\partial q}{\partial y},\ \dfrac{\partial v_2}{\partial y}\right)\right) - \dfrac{a_{11}\varepsilon}{2}\left(\left(\dfrac{\partial p}{\partial y},\ \dfrac{\partial v_2}{\partial y}\right)\right), \\[3mm] -\dfrac{a_{11}\varepsilon}{2}\left(\left(\dfrac{\partial q}{\partial x},\ \dfrac{\partial v_2}{\partial x}\right)\right) - a_{10}\varepsilon((p,\ v_2)) - a_{01}\varepsilon((q,\ v_2)) + \dfrac{1}{\varepsilon}((f(u),\ v_2)) = 0, \\[3mm] ((p,\ v_3)) + \left(\left(\dfrac{\partial u}{\partial x},\ \dfrac{\partial v_3}{\partial x}\right)\right) = 0, \\[3mm] ((q,\ v_4)) + \left(\left(\dfrac{\partial u}{\partial y},\ \dfrac{\partial v_4}{\partial y}\right)\right) = 0, \end{cases}$$

其中，测试函数 v_1，v_2，v_3，v_4 均属于 $H^1_{\mathrm{per}}(\Omega)$ 空间.

关于有限元离散，在空间方向上：后文的图 7.2～图 7.4 采用的是 P_1 有限元，图 7.5～图 7.7 为 P_2 有限元. 在时间方向上：采用了半隐式欧拉格式(即线性项采用隐式、非线性项采用显示格式).

我们针对如下三类模型进行了数值模拟：高阶 Cahn-Hilliard-Oono 方程（见图 7.2）、高阶晶体相场模型（见图 7.3~图 7.4）、带有肿瘤增长源的高阶 Cahn-Hilliard 方程（见图 7.5~图 7.7）.

数值结果表明：方程的高阶项系数对各向异性特征有非常大的影响. 特别地，很容易看出各向异性与 x，y 和交叉项方向的影响巨大. 参见图 7.5 中第 1 列，描述了经典的 Cahn-Hilliard 模型对肿瘤增长的模拟（类似于文献[49]中的算例）. 当六阶项系数很小时，尽管肿瘤增长沿着 x，y 和交叉项方向较为明显，但是扩散速度类似（见图 7.6）；当六阶项系数增大时，肿瘤扩散速度迅速增加，并且各向异性特征变得非常明显，参见图 7.5 中的第 2 列和图 7.7 分别表达了各向同性和各向异性特征.

以下是四类数值结果中所采用的详细计算参数：$f(u)$，$g(x,u)$，初值 u_0，计算区域 Ω，时间步长 Δt 和系数 a_{ij}，初值 $u_0^{(3)}$ 和 $u_0^{(4)}$ 如图 7.1 所示.

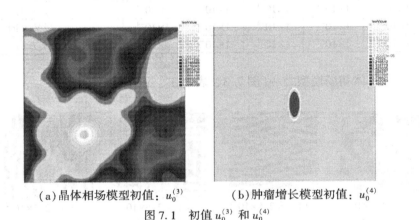

(a)晶体相场模型初值：$u_0^{(3)}$ (b)肿瘤增长模型初值：$u_0^{(4)}$

图 7.1 初值 $u_0^{(3)}$ 和 $u_0^{(4)}$

（1）实验 1：Cahn-Hilliard-Oono 方程（图 7.2、表 7.1、表 7.2）.

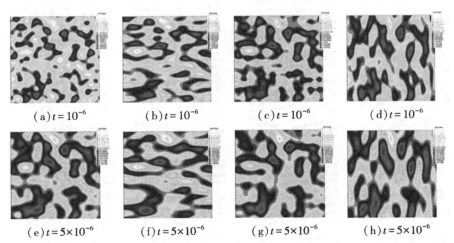

(a)$t=10^{-6}$ (b)$t=10^{-6}$ (c)$t=10^{-6}$ (d)$t=10^{-6}$

(e)$t=5\times10^{-6}$ (f)$t=5\times10^{-6}$ (g)$t=5\times10^{-6}$ (h)$t=5\times10^{-6}$

图 7.2 Cahn-Hilliard-Oono 方程（初值 $u_0^{(1)}$，$f=u^3-u$，$g=0.5u$，$\varepsilon=0.05$，$\Delta t=5\times10^{-8}$）

表 7.1　　　　　　　　　　　　　　图 7.2 中的参数设置

列	a_{20}	a_{11}	a_{02}	a_{10}	a_{01}	备注
1	0	0	0	1	1	Cahn-Hilliard-Oono
2	1×10^{-2}	1×10^{-4}	1×10^{-4}	1×10^{-4}	1×10^{-4}	x 方向
3	1×10^{-4}	1×10^{-2}	1×10^{-4}	1×10^{-4}	1×10^{-4}	交叉方向
4	1×10^{-4}	1×10^{-4}	1×10^{-2}	1×10^{-4}	1×10^{-4}	y 方向

$$f(u) = u^3 - u, \quad g(x, u) = 0.5u, \quad \varepsilon = 0.05, \quad \Delta t = 5 \times 10^{-8}$$
初值 $u_0^{(1)}$ 为 $(-1, 1)$ 间的随机数，区域 $\Omega = [0, 1] \times [0, 1]$

表 7.2　　　　　　　　　　　　　　图 7.2 中的系数 a_{ij} 设定

列	a_{20}	a_{11}	a_{02}	a_{10}	a_{01}	备注
1	0	0	0	1	1	Cahn-Hilliard-Oono
2	1×10^{-2}	1×10^{-4}	1×10^{-4}	1×10^{-4}	1×10^{-4}	x 方向
3	1×10^{-4}	1×10^{-2}	1×10^{-4}	1×10^{-4}	1×10^{-4}	交叉方向
4	1×10^{-4}	1×10^{-4}	1×10^{-2}	1×10^{-4}	1×10^{-4}	y 方向

（2）实验 2：晶体相场模型之一（图 7.3、表 7.3、表 7.4）.

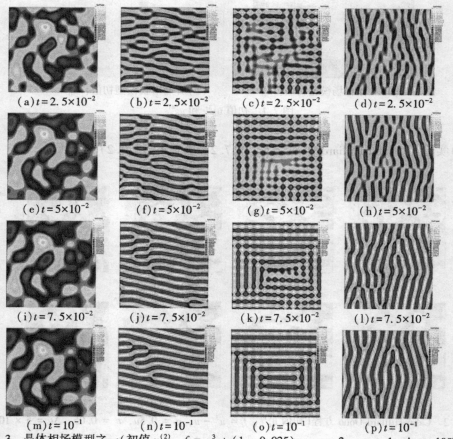

(a)$t=2.5\times10^{-2}$　　(b)$t=2.5\times10^{-2}$　　(c)$t=2.5\times10^{-2}$　　(d)$t=2.5\times10^{-2}$

(e)$t=5\times10^{-2}$　　(f)$t=5\times10^{-2}$　　(g)$t=5\times10^{-2}$　　(h)$t=5\times10^{-2}$

(i)$t=7.5\times10^{-2}$　　(j)$t=7.5\times10^{-2}$　　(k)$t=7.5\times10^{-2}$　　(l)$t=7.5\times10^{-2}$

(m)$t=10^{-1}$　　(n)$t=10^{-1}$　　(o)$t=10^{-1}$　　(p)$t=10^{-1}$

图 7.3　晶体相场模型之一（初值 $u_0^{(2)}$，$f = u^3 + (1 - 0.025)u$，$g = 2u$，$\varepsilon = 1$，$\Delta t = 10^{-4}$）

表 7.3　　　　　　　　　　　　　**图 7.3 中的参数设置**

列	a_{20}	a_{11}	a_{02}	a_{10}	a_{01}	备注
1	1	1	1	−2	−2	晶体相场
2	1	0.1	0.1	−2	−2	x 方向
3	0.1	1	0.1	−2	−2	交叉方向
4	0.1	0.1		−2	−2	y 方向

$$f(u) = u^3 + (1 - 0.025)u, \quad g(x, u) = 2u, \quad \varepsilon = 1, \quad \Delta t = 10^{-4}$$
初值 $u_0^{(2)}$ 为 $(-0.2, 0.3)$ 间的随机数，区域 $\Omega = [-10, 10] \times [-10, 10]$

表 7.4　　　　　　　　　　　　　**图 7.3 中的系数 a_{ij} 设定**

列	a_{20}	a_{11}	a_{02}	a_{10}	a_{01}	备注
1	1	1	1	−2	−2	晶体相场
2	1	0.1	0.1	−2	−2	x 方向
3	0.1	1	0.1	−2	−2	交叉方向
4	0.1	0.1	1	−2	−2	y 方向

（3）实验 3：晶体相场模型之二（图 7.4、表 7.5、表 7.6）．

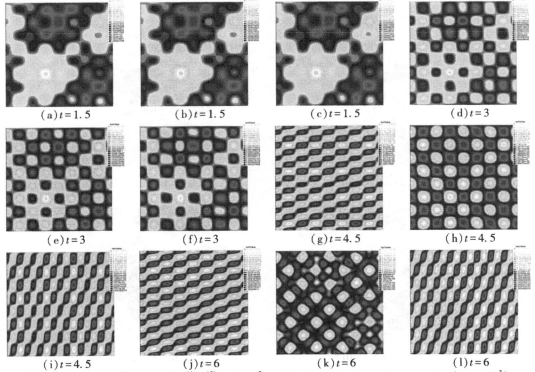

（a）$t=1.5$　　（b）$t=1.5$　　（c）$t=1.5$　　（d）$t=3$
（e）$t=3$　　（f）$t=3$　　（g）$t=4.5$　　（h）$t=4.5$
（i）$t=4.5$　　（j）$t=6$　　（k）$t=6$　　（l）$t=6$
图 7.4　晶体相场模型之二（初值 $u_0^{(3)}$，$f = u^3 + (1 - 0.025)u$，$g = 2u$，$\varepsilon = 1$，$\Delta t = 10^{-3}$）

表 7.5   图 7.4 中的参数设置

列	a_{20}	a_{11}	a_{02}	a_{10}	a_{01}	备注
1	1	0.5	0.5	−2	−2	x 方向
2	0.5	1	0.5	−2	−2	交叉方向
3	0.5	0.5	1	−2	−2	y 方向

$$f(u) = u^3 + (1 - 0.025)u, \quad g(x, u) = 2u, \quad \varepsilon = 1,$$

$$u_0^{(3)} = 0.07 - 0.02\cos\frac{2\pi(x - 12)}{32}\sin\frac{2\pi(y - 1)}{32} + 0.02\cos^2\frac{\pi(x + 10)}{32}\cos^2\frac{\pi(y + 3)}{32}$$

$$- 0.01\sin^2\frac{4\pi x}{32}\sin^2\frac{4\pi(y - 6)}{32},$$

$$\Delta t = 10^{-3}, \quad \Omega = [0, 32] \times [0, 32]$$

表 7.6   图 7.4 中的系数 a_{ij} 设定

列	a_{20}	a_{11}	a_{02}	a_{10}	a_{01}	备注
1	1	0.5	0.5	−2	−2	x 方向
2	0.5	1	0.5	−2	−2	交叉方向
3	0.5	0.5	1	−2	−2	y 方向

（4）实验 4：肿瘤增长模型（图 7.5~图 7.7、表 7.7~表 7.10）

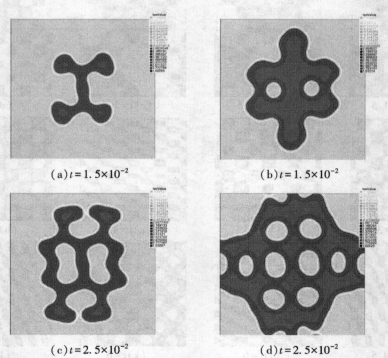

(a)$t = 1.5 \times 10^{-2}$ (b)$t = 1.5 \times 10^{-2}$

(c)$t = 2.5 \times 10^{-2}$ (d)$t = 2.5 \times 10^{-2}$

图 7.5 肿瘤增长模型（一）（初值 $u_0^{(4)}$，$f = u^3 - u$，$g = 46(u + 1) - 280(u - 1)^2(u + 1)^2$，$\varepsilon = 0.0125$，$\Delta t = 10^{-6}$）

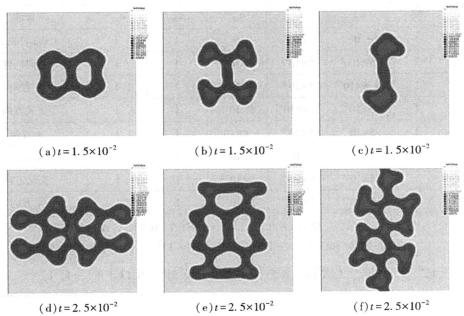

(a)$t=1.5\times10^{-2}$ (b)$t=1.5\times10^{-2}$ (c)$t=1.5\times10^{-2}$

(d)$t=2.5\times10^{-2}$ (e)$t=2.5\times10^{-2}$ (f)$t=2.5\times10^{-2}$

图 7.6 肿瘤增长模型(二)(初值 $u_0^{(4)}$, $f = u^3 - u$, $g = 46(u+1) - 280(u-1)^2(u+1)^2$, $\varepsilon = 0.0125$, $\Delta t = 10^{-6}$)

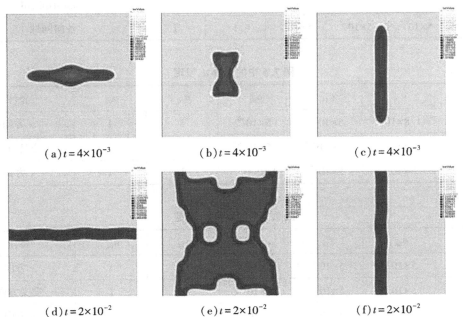

(a)$t=4\times10^{-3}$ (b)$t=4\times10^{-3}$ (c)$t=4\times10^{-3}$

(d)$t=2\times10^{-2}$ (e)$t=2\times10^{-2}$ (f)$t=2\times10^{-2}$

图 7.7 肿瘤增长模型(三)(初值 $u_0^{(4)}$, $f = u^3 - u$, $g = 46(u+1) - 280(u-1)^2(u+1)^2$, $\varepsilon = 0.0125$, $\Delta t = 10^{-6}$)

表 7.7							图 7.5~ 图 7.7 中的参数设置
	列	a_{20}	a_{11}	a_{02}	a_{10}	a_{01}	备注
图 7.5	1	0	0	0	1	1	Cahn-Hilliard
	2	$5×10^{-5}$	$5×10^{-5}$	$5×10^{-5}$	1	1	各向同性
图 7.6	1	$1.8×10^{-5}$	$5×10^{-6}$	$5×10^{-6}$	1	1	x 方向
	2	$5×10^{-6}$	$1.8×10^{-5}$	$5×10^{-6}$	1	1	交叉方向
	3	$5×10^{-6}$	$5×10^{-6}$	$1.8×10^{-5}$	1	1	y 方向
图 7.7	1	$5×10^{-4}$	$5×10^{-6}$	$5×10^{-6}$	1	1	x 方向
	2	$5×10^{-6}$	$5×10^{-4}$	$5×10^{-6}$	1	1	交叉方向
	3	$5×10^{-6}$	$5×10^{-6}$	$5×10^{-4}$	1	1	y 方向

$$f(u) = u^3 - u, \quad \Omega = [-0.7, 1.7] \times [-1.7, 0.7], \quad \Delta t = 10^{-6}$$
$$g(x, u) = 46(u+1) - 280(u-1)^2(u+1)^2, \quad \varepsilon = 0.0125$$
$$u_0^{(4)} = -\tanh\left(\frac{1}{\sqrt{2}\varepsilon}\left(\sqrt{2(x-0.5)^2 + 0.25(y+0.5)^2} - 0.1\right)\right) \in [-1, 1]$$

表 7.8					图 7.5 中的系数 a_{ij} 设定
列	a_{20}	a_{11}	a_{02}	a_{10}	a_{01}	备注
1	0	0	0	1	1	Cahn-Hilliard
2	$5×10^{-5}$	$5×10^{-5}$	$5×10^{-5}$	1	1	各向同性

表 7.9					图 7.6 中的系数 a_{ij} 设定
列	a_{20}	a_{11}	a_{02}	a_{10}	a_{01}	备注
1	$1.8×10^{-5}$	$5×10^{-6}$	$5×10^{-6}$	1	1	x 方向
2	$5×10^{-6}$	$1.8×10^{-5}$	$5×10^{-6}$	1	1	交叉方向
3	$5×10^{-6}$	$5×10^{-6}$	$1.8×10^{-5}$	1	1	y 方向

表 7.10					图 7.7 中的系数 a_{ij} 设定
列	a_{20}	a_{11}	a_{02}	a_{10}	a_{01}	备注
1	$5×10^{-4}$	$5×10^{-6}$	$5×10^{-6}$	1	1	x 方向
2	$5×10^{-6}$	$5×10^{-4}$	$5×10^{-6}$	1	1	交叉方向
3	$5×10^{-6}$	$5×10^{-6}$	$5×10^{-4}$	1	1	y 方向

7.2　高阶 Cahn-Hilliard 方程双曲松弛形式的数值模拟

2016 年，Grasselli 和 Pierre[210] 针对二维情形改进的晶体相场模型(Modified Phase Field Crystal)

$$\beta u_{tt} + u_t = \Delta(\Delta^2 u + 2\Delta u + f(u)),\ \text{in}\ \Omega \times (0,\ +\infty), \tag{7.1}$$

讨论了稳定性与各向同性特征. 本节在文献[210]的基础上进行推广，考虑广义高阶 Cahn-Hilliard 方程的双曲松弛形式，表示为如下初边值问题：$\forall\ k \in \mathbb{N},\ k \geqslant 2,\ x \in \Omega \subset \mathbb{R}^d$,

$$\begin{cases} \epsilon \dfrac{\partial^2 u(t,\ x,\ y)}{\partial t^2} + \dfrac{\partial u(t,\ x,\ y)}{\partial t} - \Delta \displaystyle\sum_{i=1}^{k} (-1)^i \sum_{|\boldsymbol{\alpha}|=i} a_{\boldsymbol{\alpha}} \mathcal{D}^{2\boldsymbol{\alpha}} u - \Delta f(u) + g(x,\ u) = 0, \\ \text{矩形区域的周期边界条件}\ \partial\Omega = \Gamma = \Gamma_1 \cup \Gamma_2 \cup \Gamma_3 \cup \Gamma_4, \\ u(0,\ x,\ y) = u_0(x,\ y),\ \left.\dfrac{\partial u(t,\ x,\ y)}{\partial t}\right|_{t=0} = 0,\ t \geqslant 0,\ (x,\ y) \in \Omega, \end{cases}$$
$$\tag{7.2}$$

其中，$a_{\boldsymbol{\alpha}} \geqslant 0$，$|\boldsymbol{\alpha}| = k$，矩形区域的周期边界条件. 为了更明显地表现该类方程的各向异性特征，我们选定特定的系数 a_{ij}，以便与传统的晶体相场模型进行比较.

不失一般性，当模型(7.2)中取二维情形 $k = 2$ 时，有

$$\begin{cases} \epsilon \dfrac{\partial^2 u}{\partial t^2} + \dfrac{\partial u}{\partial t} = \Delta\mu - \dfrac{g(x,\ u)}{\varepsilon}, \\ \mu = \varepsilon\left(a_{20}\dfrac{\partial^4 u}{\partial x^4} + a_{11}\dfrac{\partial^4 u}{\partial x^2 \partial y^2} + a_{02}\dfrac{\partial^4 u}{\partial y^4} - a_{10}\dfrac{\partial^2 u}{\partial x^2} - a_{01}\dfrac{\partial^2 u}{\partial y^2}\right) + \dfrac{f(u)}{\varepsilon}, \end{cases}$$

可改写为

$$\begin{cases} \dfrac{\partial u}{\partial t} = w, \\ \epsilon \dfrac{\partial w}{\partial t} = \Delta\mu - w - \dfrac{g(x,\ u)}{\varepsilon}, \\ \mu = \varepsilon\left(a_{20}\dfrac{\partial^4 u}{\partial x^4} + a_{11}\dfrac{\partial^4 u}{\partial x^2 \partial y^2} + a_{02}\dfrac{\partial^4 u}{\partial y^4} - a_{10}\dfrac{\partial^2 u}{\partial x^2} - a_{01}\dfrac{\partial^2 u}{\partial y^2}\right) + \dfrac{f(u)}{\varepsilon}. \end{cases} \tag{7.3}$$

很明显，传统的晶体相场模型(Phase Field Crystal)

$$\begin{cases} \dfrac{\partial u}{\partial t} = \Delta\mu, \\ \mu = \Delta^2 u + 2\Delta u + f(u) \\ \quad = \dfrac{\partial^4 u}{\partial x^4} + 2\dfrac{\partial^4 u}{\partial x^2 \partial y^2} + \dfrac{\partial^4 u}{\partial y^4} + 2\dfrac{\partial^2 u}{\partial x^2} + 2\dfrac{\partial^2 u}{\partial y^2} + f(u) \end{cases} \tag{7.4}$$

及改进的晶体相场模型(7.1)均为模型(7.3)的特殊形式，对应的参数如表 7.11 所示.

表 7.11　　　　　　　　　　　　　模型(7.3)的参数对照表

	a_{20}	a_{11}	a_{02}	a_{10}	a_{01}	ε	ϵ	$g(x, u)$
PFC(7.4)	1	2	1	-2	-2	1	0	0
MPFC(7.1)	1	2	1	-2	-2	1	1	0

令

$$\frac{\partial^2 u}{\partial x^2} = p, \quad \frac{\partial^2 u}{\partial y^2} = q, \quad \frac{\partial^4 u}{\partial x^2 \partial y^2} = \frac{1}{2}\frac{\partial^2 p}{\partial y^2} + \frac{1}{2}\frac{\partial^2 q}{\partial x^2},$$

根据分部积分法，可得半离散系统的变分形式：求 $(u, w, \mu, p, q) \in (\mathrm{H}^1_{\mathrm{per}}(\Omega))^5$，使得

$$
\begin{cases}
\left(\left(\dfrac{\partial u}{\partial t}, v_1\right)\right) - ((w, v_1)) = 0, \\[2mm]
\epsilon\left(\left(\dfrac{\partial w}{\partial t}, v_2\right)\right) + ((\nabla\mu, \nabla v_2)) + ((w, v_2)) + \dfrac{1}{\varepsilon}((g(x, u), v_2)) = 0, \\[2mm]
((\mu, v_3)) + a_{20}\varepsilon\left(\left(\dfrac{\partial p}{\partial x}, \dfrac{\partial v_3}{\partial x}\right)\right) + \dfrac{a_{11}\varepsilon}{2}\left(\left(\dfrac{\partial p}{\partial y}, \dfrac{\partial v_3}{\partial y}\right)\right) + \dfrac{a_{11}\varepsilon}{2}\left(\left(\dfrac{\partial q}{\partial x}, \dfrac{\partial v_3}{\partial x}\right)\right) \\[2mm]
\quad + a_{02}\varepsilon\left(\left(\dfrac{\partial q}{\partial y}, \dfrac{\partial v_3}{\partial y}\right)\right) + a_{10}\varepsilon((p, v_3)) + a_{01}\varepsilon((q, v_3)) - \dfrac{1}{\varepsilon}((f(u), v_3)) = 0, \\[2mm]
((p, v_4)) + \left(\left(\dfrac{\partial u}{\partial x}, \dfrac{\partial v_4}{\partial x}\right)\right) = 0, \\[2mm]
((q, v_5)) + \left(\left(\dfrac{\partial u}{\partial y}, \dfrac{\partial v_5}{\partial y}\right)\right) = 0,
\end{cases}
$$

$$(7.5)$$

其中，测试函数 v_1, v_2, v_3, v_4, v_5 都属于空间 $\mathrm{H}^1_{\mathrm{per}}(\Omega)$. 我们采用文献[211]中的完全离散方法，以保证计算格式的二阶精度.

首先，进行能量分裂 $\mathcal{F}(u) = \mathcal{F}_+(u) + \mathcal{F}_-(u)$, $f(u) = \mathcal{F}'(u) = f_+(u) + f_-(u)$, 使得 $\mathcal{F}_+^{(4)}(u) \geqslant 0$, $\mathcal{F}_-^{(4)}(u) \leqslant 0$ 成立.

令

$$[[u_n]] = u_{n+1} - u_n, \quad u_{n+\frac{1}{2}} = \frac{u_{n+1} + u_n}{2}, \quad \mu_{n+\frac{1}{2}} = \frac{\mu_{n+1} + \mu_n}{2},$$

$$w_{n+\frac{1}{2}} = \frac{w_{n+1} + w_n}{2}, \quad p_{n+\frac{1}{2}} = \frac{p_{n+1} + p_n}{2}, \quad q_{n+\frac{1}{2}} = \frac{q_{n+1} + q_n}{2},$$

以及

$$((f(u_n), v_3)) = \left(\left(\frac{f(u_{n+1}) + f(u_n)}{2} - \frac{f''_+(u_n) + f''_-(u_{n+1})}{12}[[u_n]]^2, v_3\right)\right),$$

$$u_{n+1}^3 \approx 3u_n^2 u_{n+1} - 2u_n^3,$$

$$u_{n+1}^2 \approx 2u_n u_{n+1} - u_n^2,$$

其中涉及下列积分公式的计算, 详细推导过程请参见附录 D. $\forall f \in C^3(a, b)$,

$$\begin{cases} \int_a^b f(x)\,\mathrm{d}x = \frac{b-a}{2}(f(a)+f(b)) - \frac{(b-a)^3}{12}f''(a) - \frac{(b-a)^4}{24}f'''(\xi), \quad \xi \in (a, b), \\ \int_a^b f(x)\,\mathrm{d}x = \frac{b-a}{2}(f(a)+f(b)) - \frac{(b-a)^3}{12}f''(b) + \frac{(b-a)^4}{24}f'''(\zeta), \quad \zeta \in (a, b), \end{cases}$$

最终得出具有二阶精度和无条件稳定的完全离散格式:

$$\begin{cases} \left(\left(\dfrac{[[u_n]]}{\Delta t}, v_1\right)\right) - ((w_{n+\frac{1}{2}}, v_1)) = 0, \\ \epsilon\left(\left(\dfrac{[[w_n]]}{\Delta t}, v_2\right)\right) + ((\nabla\mu_{n+\frac{1}{2}}, \nabla v_2)) + ((w_{n+\frac{1}{2}}, v_2)) + \dfrac{1}{\epsilon}((g_n, v_2)) = 0, \\ ((\mu_{n+\frac{1}{2}}, v_3)) + a_{20}\epsilon\left(\left(\dfrac{\partial p_{n+\frac{1}{2}}}{\partial x}, \dfrac{\partial v_3}{\partial x}\right)\right) + \dfrac{a_{11}\epsilon}{2}\left(\left(\dfrac{\partial p_{n+\frac{1}{2}}}{\partial y}, \dfrac{\partial v_3}{\partial y}\right)\right) + \dfrac{a_{11}\epsilon}{2}\left(\left(\dfrac{\partial q_{n+\frac{1}{2}}}{\partial x}, \dfrac{\partial v_3}{\partial x}\right)\right) \\ \quad + a_{02}\epsilon\left(\left(\dfrac{\partial q_{n+\frac{1}{2}}}{\partial y}, \dfrac{\partial v_3}{\partial y}\right)\right) + a_{10}\epsilon((p, v_3)) + a_{01}\epsilon((q, v_3) \\ \quad - \dfrac{1}{\epsilon}\left(\left(\dfrac{f(u_{n+1})+f(u_n)}{2} - \dfrac{f''_+(u_n)+f''_-(u_{n+1})}{12}[[u_n]]^2, v_3\right)\right) = 0, \\ ((p_{n+\frac{1}{2}}, v_4)) + \left(\left(\dfrac{\partial u_{n+\frac{1}{2}}}{\partial x}, \dfrac{\partial v_4}{\partial x}\right)\right) = 0, \\ ((q_{n+\frac{1}{2}}, v_5)) + \left(\left(\dfrac{\partial u_{n+\frac{1}{2}}}{\partial y}, \dfrac{\partial v_5}{\partial y}\right)\right) = 0. \end{cases}$$

$$(7.6)$$

下面分别针对四类不同的初值条件(图 7.8)进行数值模拟, 相应的参数均列于表格中.

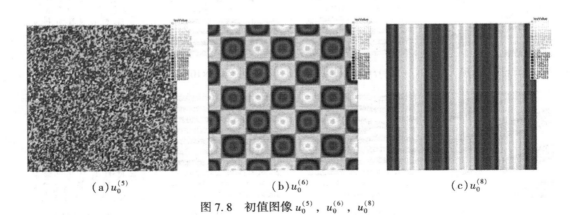

(a) $u_0^{(5)}$ (b) $u_0^{(6)}$ (c) $u_0^{(8)}$

图 7.8　初值图像 $u_0^{(5)}$, $u_0^{(6)}$, $u_0^{(8)}$

(1) 数值实验 I(结果如图 7.9 所示):

$$\begin{cases} f(u) = u^3 + (1-\beta)u, \ g(x,\ u) = 0, \ \varepsilon = 1, \ \beta = 0.2, \\ ((f(u),\ v_3)) \approx \left(\left(\dfrac{u_{n+1}(3u_n^2 + 1 - \beta) + (1-\beta)u_n - u_n^3}{2},\ v_3\right)\right), \\ u_0^{(5)} \in (-0.2,\ 0.3) \text{ 随机值}, \ w_0 = 0.1, \\ \Omega = [-10,\ 10] \times [-10,\ 10], \ \langle u \rangle = 0.0622894, \\ \text{系数 } a_{ij} \text{ 见表 7.12.} \end{cases}$$

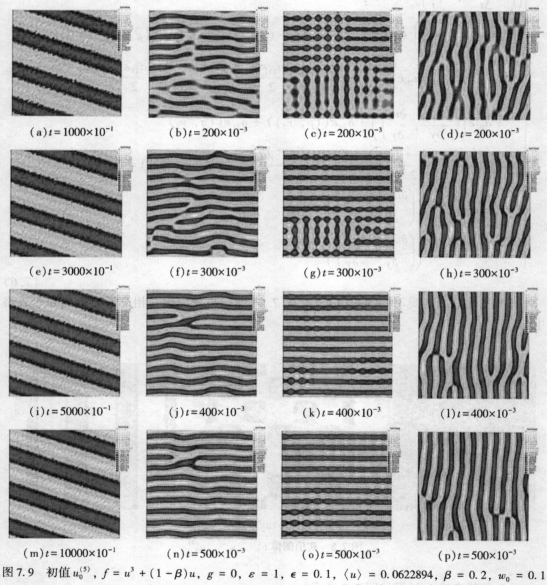

　（a）$t = 1000 \times 10^{-1}$　　（b）$t = 200 \times 10^{-3}$　　（c）$t = 200 \times 10^{-3}$　　（d）$t = 200 \times 10^{-3}$

　（e）$t = 3000 \times 10^{-1}$　　（f）$t = 300 \times 10^{-3}$　　（g）$t = 300 \times 10^{-3}$　　（h）$t = 300 \times 10^{-3}$

　（i）$t = 5000 \times 10^{-1}$　　（j）$t = 400 \times 10^{-3}$　　（k）$t = 400 \times 10^{-3}$　　（l）$t = 400 \times 10^{-3}$

　（m）$t = 10000 \times 10^{-1}$　　（n）$t = 500 \times 10^{-3}$　　（o）$t = 500 \times 10^{-3}$　　（p）$t = 500 \times 10^{-3}$

图 7.9　初值 $u_0^{(5)}$, $f = u^3 + (1-\beta)u$, $g = 0$, $\varepsilon = 1$, $\epsilon = 0.1$, $\langle u \rangle = 0.0622894$, $\beta = 0.2$, $w_0 = 0.1$

表 7.12　数值实验 I 对应参数（$\varepsilon=1$，$\epsilon=0.1$，$\langle u \rangle=0.0622894$，$\beta=0.2$，$w_0=0.1$）

	a_{20}	a_{11}	a_{02}	a_{10}	a_{01}	Δt	网格	备注
图 7.9	1	2	1	-2	-2	0.1	50×50	
	1	0.2	0.1	-2	-2			x 方向
	0.1	2	0.1	-2	-2	10^{-3}	50×50	交叉方向
	0.1	0.2	1	-2	-2			y 方向

（2）数值实验 II（结果如图 7.10 所示）：

$$\begin{cases} f(u)=u^3+(1-\beta)u,\ g(x,u)=0,\ \varepsilon=1,\ \beta=0.2, \\ ((f(u),v_3)) \approx \left(\left(\dfrac{u_{n+1}(3u_n^2+1-\beta)+(1-\beta)u_n-u_n^3}{2},\ v_3 \right) \right), \\ u_0^{(6)}=0.2+0.2\cos x\cos y,\ w_0=0.1, \\ \Omega=[0,6\pi] \times [0,6\pi],\ \langle u \rangle=0.2, \\ \text{系数 } a_{ij} \text{ 见表 7.13.} \end{cases}$$

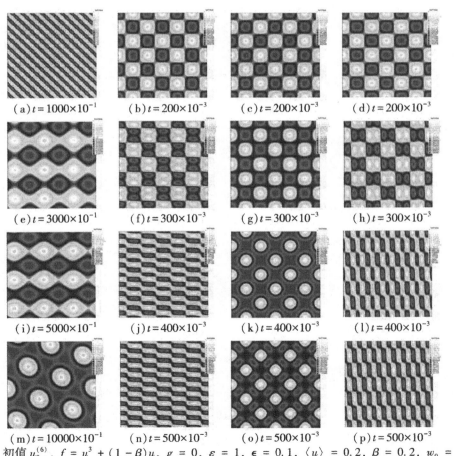

(a) $t=1000 \times 10^{-1}$　(b) $t=200 \times 10^{-3}$　(c) $t=200 \times 10^{-3}$　(d) $t=200 \times 10^{-3}$

(e) $t=3000 \times 10^{-1}$　(f) $t=300 \times 10^{-3}$　(g) $t=300 \times 10^{-3}$　(h) $t=300 \times 10^{-3}$

(i) $t=5000 \times 10^{-1}$　(j) $t=400 \times 10^{-3}$　(k) $t=400 \times 10^{-3}$　(l) $t=400 \times 10^{-3}$

(m) $t=10000 \times 10^{-1}$　(n) $t=500 \times 10^{-3}$　(o) $t=500 \times 10^{-3}$　(p) $t=500 \times 10^{-3}$

图 7.10　初值 $u_0^{(6)}$，$f=u^3+(1-\beta)u$，$g=0$，$\varepsilon=1$，$\epsilon=0.1$，$\langle u \rangle=0.2$，$\beta=0.2$，$w_0=0.1$

表 7.13 　　　　数值实验 II 对应参数($\varepsilon=1$, $\epsilon=0.1$, $\langle u \rangle=0.2$, $\beta=0.2$, $w_0=0.1$)

	a_{20}	a_{11}	a_{02}	a_{10}	a_{01}	Δt	网格	备注
图 7.10	1	2	1	-2	-2	0.1	50×50	
	1	0.2	0.1	-2	-2			x 方向
	0.1	2	0.1	-2	-2	10^{-3}	50×50	交叉方向
	0.1	0.2	1	-2	-2			y 方向

（3）数值实验 III（结果如图 7.11 所示）：

$$\begin{cases} f(u)=u^3+(1-\beta)u, \ g(x,u)=0, \ \varepsilon=1, \\ ((f(u),v_3)) \approx \left(\left(\dfrac{u_{n+1}(3u_n^2+1-\beta)+(1-\beta)u_n-u_n^3}{2},v_3\right)\right), \\ u_0^{(7)}=\alpha+0.2\cos x \cos y, \ w_0=0, \\ \Omega=[0,6\pi] \times [0,6\pi], \ \langle u \rangle=\alpha, \\ \text{系数 } a_{ij} \text{ 见表 7.14.} \end{cases}$$

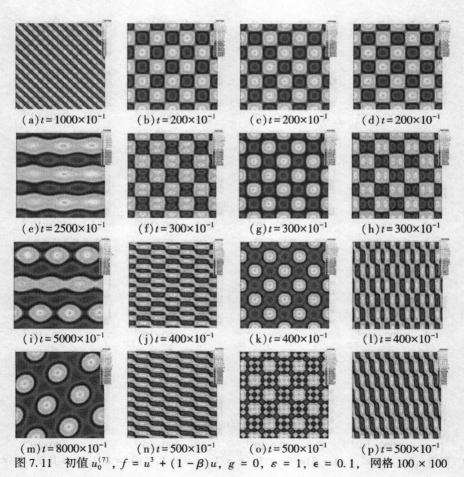

(a)$t=1000\times10^{-1}$	(b)$t=200\times10^{-1}$	(c)$t=200\times10^{-1}$	(d)$t=200\times10^{-1}$
(e)$t=2500\times10^{-1}$	(f)$t=300\times10^{-1}$	(g)$t=300\times10^{-1}$	(h)$t=300\times10^{-1}$
(i)$t=5000\times10^{-1}$	(j)$t=400\times10^{-1}$	(k)$t=400\times10^{-1}$	(l)$t=400\times10^{-1}$
(m)$t=8000\times10^{-1}$	(n)$t=500\times10^{-1}$	(o)$t=500\times10^{-1}$	(p)$t=500\times10^{-1}$

图 7.11　初值 $u_0^{(7)}$, $f=u^3+(1-\beta)u$, $g=0$, $\varepsilon=1$, $\epsilon=0.1$, 网格 100×100

表 7.14   数值实验 III 对应参数（$\varepsilon=1$，$\epsilon=0.1$，$w_0=0$）

	a_{20}	a_{11}	a_{02}	a_{10}	a_{01}	$\langle u \rangle$	β	Δt	备注
	1	2	1	-2	-2	0.2	0.2	10^{-1}	
	1	2	1	-2	-2	0.5	0.6		
图 7.11	1	0.2	0.1	-2	-2			10^{-3}	x 方向
	0.1	2	0.1	-2	-2	0.2	0.2		交叉方向
	0.1	0.2	1	-2	-2				y 方向

（4）数值实验 IV（结果如图 7.12 所示）：

$$\begin{cases} f(u) = u^3 + (1-\beta)u, \ g(x, u) = 0, \ \varepsilon = 1, \\ ((f(u), v_3)) \approx \left(\left(\dfrac{u_{n+1}(3u_n^2 + 1 - \beta) + (1-\beta)u_n - u_n^3}{2}, v_3 \right) \right), \\ u_0^{(8)} = \alpha + 0.2\cos x, \ w_0 = 0, \\ \Omega = [0, 6\pi] \times [0, 6\pi], \ \langle u \rangle = \alpha, \\ \text{系数 } a_{ij} \text{ 见表 7.15.} \end{cases}$$

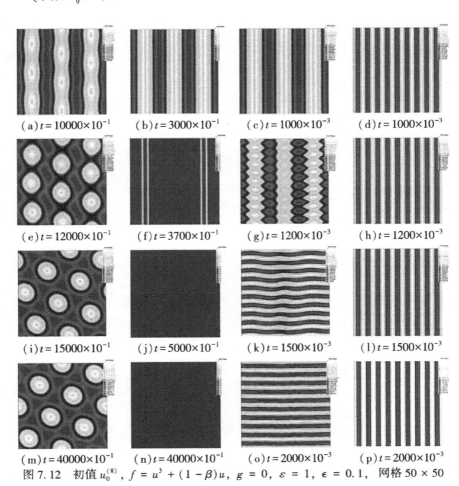

(a) $t = 10000 \times 10^{-1}$ (b) $t = 3000 \times 10^{-1}$ (c) $t = 1000 \times 10^{-3}$ (d) $t = 1000 \times 10^{-3}$

(e) $t = 12000 \times 10^{-1}$ (f) $t = 3700 \times 10^{-1}$ (g) $t = 1200 \times 10^{-3}$ (h) $t = 1200 \times 10^{-3}$

(i) $t = 15000 \times 10^{-1}$ (j) $t = 5000 \times 10^{-1}$ (k) $t = 1500 \times 10^{-3}$ (l) $t = 1500 \times 10^{-3}$

(m) $t = 40000 \times 10^{-1}$ (n) $t = 40000 \times 10^{-1}$ (o) $t = 2000 \times 10^{-3}$ (p) $t = 2000 \times 10^{-3}$

图 7.12   初值 $u_0^{(8)}$，$f = u^3 + (1-\beta)u$，$g = 0$，$\varepsilon = 1$，$\epsilon = 0.1$，网格 50×50

表 7.15　　　　　数值实验 IV 对应参数($\varepsilon=1$, $\epsilon=0.1$, $w_0=0$)

	a_{20}	a_{11}	a_{02}	a_{10}	a_{01}	$\langle u \rangle$	β	Δt	备注
图 7.12	1	2	1	-2	-2	0.2	0.2	10^{-1}	
	1	2	1	-2	-2	0.5	0.7		
	1	0.2	0.1	-2	-2	0.2	0.2	10^{-3}	x 方向
	0.1	0.2	1	-2	-2	0.2	0.2		y 方向

(4) 数值实验 IV, 结果如图 7.12 所示:

$$f(u) = u \sim (1-\beta)u, \quad g(x, u)|_{t=0}, \quad k = 1,$$

$$(C(Vu) \cdot u)_t = \left[\left(\frac{u_{xx}(3u_x^2 + (1-\beta)) + (1-\beta)u - u_x}{2}\right) \cdot \right]_{x_0}$$

$$u_{xx}^* = u_{xx} + 0.2\cos x, \quad u_y^* = 0,$$

$$\Omega = [0, 6\pi] \times [0, 6\pi], \quad u|_{t=0} = u_0,$$

参数 a_{ij} 见表 7.15。

第8章 总 结

本书围绕扩散方程模型，研究了工程应用中的两类反问题（铀矿堆浸扩散模型参数识别反问题和孔隙-裂隙双重介质中核素迁移扩散模型反问题），以及自由界面问题（热-扩散燃烧模型和广义高阶 Cahn-Hilliard 方程），并进行了稳定性分析和数值模拟，针对工程应用中的参数识别反问题，均给出了切实可行的数值算法. 具体内容总结如下.

（1）关于铀矿堆浸数学模型的参数识别反问题.

首先，通过将溶质运移方程与微生物化学反应相结合，推导出铀矿堆浸的扩散模型（2.9）

$$
\begin{cases}
\dfrac{\partial c_1}{\partial t} = D\dfrac{\partial^2 c_1}{\partial x^2} - v\dfrac{\partial c_1}{\partial x} + k_2 s_2^2 + k_5 s_2 c_3^2, \\[2mm]
\dfrac{\partial c_2}{\partial t} = D\dfrac{\partial^2 c_2}{\partial x^2} - v\dfrac{\partial c_2}{\partial x} + k_3 s_1 c_3^{14} + k_5 s_2 c_3^2 - k_4 c_2^4, \\[2mm]
\dfrac{\partial c_3}{\partial t} = D\dfrac{\partial^2 c_3}{\partial x^2} - v\dfrac{\partial c_3}{\partial x} + k_1 s_1^4 - k_3 s_1 c_3^{14} + k_4 c_2^4 - k_5 s_2 c_3^2.
\end{cases}
$$

然后，利用最佳摄动量和 Tikhonov 正则化方法求解；最后，给出了铀矿堆浸模型的正、反问题求解的数值模拟，数值结果显示该参数识别反问题是非常有效的.

（2）关于裂隙-孔隙的双重介质核素迁移扩散模型反问题.

针对单裂隙和孔隙的双重介质系统中的核素迁移耦合问题（3.1）、（3.2）：

裂隙域迁移平衡方程（$\forall\, z > 0,\ t > 0$）：

$$
\begin{cases}
R_1\dfrac{\partial C_1(z,\ t)}{\partial t} = D_1\dfrac{\partial^2 C_1}{\partial z^2} - u\dfrac{\partial C_1}{\partial z} - \lambda R_1 C_1 - \Gamma, \\[2mm]
C_1(z,\ 0) = 0,\ C_1(0,\ t) = C_0 e^{-\lambda t},\ C_1(+\infty,\ t) = 0,
\end{cases}
$$

孔隙域迁移平衡方程（$\forall\, x > b,\ z > 0,\ t > 0$）：

$$
\begin{cases}
R_2\dfrac{\partial C_2(x,\ z,\ t)}{\partial t} = D_2\dfrac{\partial^2 C_2}{\partial x^2} - \lambda R_2 C_2, \\[2mm]
C_2(x,\ z,\ 0) = 0,\ C_2(b,\ z,\ t) = C_1(z,\ t),\ C_2(+\infty,\ z,\ t) = 0,
\end{cases}
$$

利用 Laplace 变换方法计算出该耦合模型的解析解. 将反问题归结为一等价的泛函极小化问题，然后利用拟解方法和偏微分方程的叠加原理获得泛函极小化问题的数值解法，从而获得反问题的数值解. 从算例的计算结果（图 3.2、图 3.3）可以看出，正问题的解析解能很好地刻画核素的迁移规律；反问题的数值解法也能有效地实现核素污染源的反演.

（3）关于燃烧模型.

针对一类热-扩散燃烧问题中着火温度的零阶动力反应模型，在带宽为 ℓ 的带型区域 $\mathbb{R} \times \left(-\dfrac{\ell}{2}, \dfrac{\ell}{2} \right)$ 以及行波解的胞状不稳定性（即 $0 < Le < 1$）条件下，讨论具有两个自由边界面：着火边界和跟踪边界的火焰燃烧问题. 将自由边界的 Stefan 问题转换为平面行波火焰的完全非线性抛物型方程组边值问题，对该耦合方程组进行了线性稳定性分析，证明了决定行波解稳定性 Lewis 阈值的存在性，即大于该 Lewis 阈值时行波解稳定、小于 Lewis 阈值时不稳定，并且进一步得出了确定 Lewis 阈值 Le_c^* 的解析表达式. 最后，针对完全非线性系统进行了数值模拟，该完全非线性系统描述了平面行波的扰动现象，数值结果显现了非常有趣的、由着火界面和跟踪界面形成的燃烧火焰锋稳定的"双峰"形式.

（4）关于广义高阶 Cahn-Hilliard 方程：

$$\frac{\partial u}{\partial t} - \Delta \sum_{i=1}^{k} (-1)^i \sum_{|\alpha|=i} a_\alpha \mathcal{D}^{2\alpha} u - \Delta f(u) + g(x, u) = 0.$$

讨论了该广义高阶模型在 Dirichlet 边界条件下的理论结果，得出解的适定性和正则性，证明了解算子的耗散性以及全局吸引子的存在性；针对该广义高阶 Cahn-Hilliard 方程在生物、医学中的应用，通过多个数值实验验证了该模型高阶项控制各向异性特征的有效性. 同时，讨论了广义高阶 Cahn-Hilliard 方程的双曲松弛形式，并进行了数值模拟. 数值实验结果表明，该模型的高阶项对于控制各向异性特征同样有效.

因学识所限，我们将后续研究内容及研究思路展示于此，仅是一孔之见，权当抛砖引玉.

（1）关于燃烧模型，本书考虑的是文献[52]中的零阶动力反应模型的火焰锋稳定性和数值模拟，还有另外一类模型值得考虑：一阶动力反应模型，该模型只有一个自由边界，并有望推导出 K-S 方程.

（2）关于数值计算精度，在燃烧模型的数值模拟计算中，空间方向的精度很高，采用的是 Chebyshev 配点法和 Fourier 谱方法，但是时间方向采用的是欧拉向前，只有一阶精度；广义高阶 Cahn-Hilliard 模型采用的是时间、空间均为二阶精度的计算格式，今后将考虑时间精度更高（如 Runge-Kutta 格式）的配合高精度空间格式，将得出更好的计算效果.

（3）关于数值模拟方法，已有许多学者利用间断 Galerkin 方法求解 Cahn-Hilliard 问题[178-180,186]并取得很好效果，结合间断 Galerkin 方法能更有效地计算广义高阶 Cahn-Hilliard 模型以及具有强非线性源项的铀矿堆浸数学模型.

（4）针对扩散模型，本书仅考虑整数阶（即传统的）扩散模型，并未考虑分数阶扩散模型. 分数阶导数分为时间分数阶和空间分数阶. 一般而言，时间分数阶导数描述的是整个时间段的物理过程，具有记忆效应，而整数阶导数描述的是某个时刻的局部性质；空间分数阶导数可以刻画整个空间区域的性质，而整数阶导数只能反映局部某个位置的变化情况. 有兴趣的读者可以详细阅读参考文献[212-215].

附　录

附录 A　谱理论相关结论与高精度算法

我们补充与谱理论有关的结论以及高精度数值方法作为附录部分，以便读者查阅，更详细内容请参考文献[216-217].

A. 1　谱理论相关结论

假设 X 为 Banach 空间，$A: D(A) \subset X \to X$ 为一个闭线性算子，λ 为算子 A 的正则点，对于线性算子而言，复平面上的点 $\lambda \in \mathbb{C}$ [或属于 $\rho(A)$，或不属于 $\rho(A)$]，将复平面上所有不属于 $\rho(A)$ 的点放在一起形成的集合，称为线性算子 A 的谱集，即

$$\sigma(A) = \mathbb{C} \setminus \rho(A) = \sigma_p(A) \cup \sigma_c(A) \cup \sigma_r(A).$$

其中，点谱 $\sigma_p(A)$，连续谱 $\sigma_c(A)$，剩余谱 $\sigma_r(A)$ 分别为

$$\sigma_p(A) = \{\lambda \in \mathbb{C} \,|\, (\lambda I - A)^{-1} \text{ 不存在}\}$$

$$\sigma_c(A) = \{\lambda \in \mathbb{C} \,|\, \mathrm{Ker}(\lambda I - A) = \{0\}, \, \overline{R(\lambda I - A)} = X, \, (\lambda I - A)^{-1} \text{ 无界}\}$$

$$\sigma_r(A) = \{\lambda \in \mathbb{C} \,|\, \mathrm{Ker}(\lambda I - A) = \{0\}, \, \overline{R(\lambda I - A)} \neq X\}$$

有时将不是孤立特征值的谱集统称为本质谱(Essential Spectrum)[216].

定义 A. 1　算子 A 的预解集(正则集) $\rho(A)$:

$$\rho(A) = \{\lambda \in \mathbb{C} \,|\, (\lambda I - A)^{-1} \text{ 存在}, \text{ 且 } R(\lambda I - A) = X\}.$$

其中，$(\lambda I - A)^{-1}$ 称为 A 的预解算式.

定义 A. 2　对于某 $\lambda_0 \in \rho(A)$，称 $R_{\lambda_0}(A)$ 为算子 A 对应正则点 λ_0 的预解算子.

注 A. 1　当 $\dim X < \infty$ 时，A 的谱集只有特征值，即: $\forall \lambda \in \mathbb{C}$，$\lambda$ 或者是特征值，或者是正则点.

定理 A. 3(第一预解公式)　$\forall \lambda, \mu \in \rho(A)$，则

$$R_\lambda(A) - R_\mu(A) = (\mu - \lambda) R_\lambda(A) R_\mu(A).$$

推论 A. 4　如果 A 是一个自伴算子，即 $A = A^*$，则 $\sigma(A) \subset \mathbb{R}$.

定义 A. 5(扇形算子)　如果存在常数 $w \in \mathbb{R}$，$\theta \in \left(\dfrac{\pi}{2}, \pi\right)$，$M > 0$，且满足

(1) $\rho(A) \supset S_{\theta, w} := \{\lambda \in \mathbb{C}: \lambda \neq w, \, |\arg(\lambda - w)| < \theta\}$，

(2) $\| R(\lambda, A) \|_{L(X)} \leqslant \dfrac{M}{\lambda - w}$, $\lambda \in S_{\theta, w}$,

则称线性算子 A: $D(A) \rightarrow X$ 为一个扇形算子.

定义 A.6(J_α 类空间)　给定三个连续嵌入的 Banach 空间: $Z \subset Y \subset X$ 以及 $\alpha \in (0, 1)$, 若 $\exists C > 0$, $\forall y \in Z$ 有

$$\| y \|_Y \leqslant C \| y \|_Z^\alpha \| y \|_X^{1-\alpha},$$

那么称 Y 是属于空间 X 和 Z 之间的 J_α 类空间.

A.2　高精度数值方法

此处罗列了文中采用的高精度数值方法: Chebyshev 配点法和 Fourier 谱方法, 详细内容请参考文献[122].

A.2.1　Chebyshev 配点法

针对任意 $x \in [-1, 1]$ 而言, 有以下定理成立.

定理 A.7　Chebyshev-Gauss-Lobatto 积分点和权函数 $\{x_j, w_j\}_{j=0}^N$ 满足

$$x_j = \cos\frac{j\pi}{N}, \quad w_j = \frac{\pi}{\tilde{c}_j N}, \quad 0 \leqslant j \leqslant N, \tag{A.1}$$

其中

$$\tilde{c}_j = \begin{cases} 1, & j = 1, 2, \cdots, N-1, \\ 2, & j = 0, N. \end{cases}$$

定理 A.8　基于上述 Chebyshev-Gauss-Lobatto 积分点 $x_j = \cos\dfrac{j\pi}{N}$ 的一阶导数矩阵 $\boldsymbol{D}:=(d_{kj})_{k, j=0}^N$ 为

$$d_{kj} = \begin{cases} \dfrac{2N^2 + 1}{6}, & k = j = 0, \\[2mm] \dfrac{\tilde{c}_k}{\tilde{c}_j} \dfrac{(-1)^{k+j}}{x_k - x_j}, & k \neq j, \ 0 \leqslant k, j \leqslant N. \\[2mm] -\dfrac{x_k}{2(1 - x_k^2)}, & 1 \leqslant k = j \leqslant N-1, \\[2mm] -\dfrac{2N^2 + 1}{6}, & k = j = N, \end{cases} \tag{A.2}$$

且高阶导数矩阵 $\boldsymbol{D}^m (m \geqslant 2)$ 可通过矩阵的乘法得到, 为 $\boldsymbol{D}^m = (\boldsymbol{D})^m$.

A.2.2　Fourier 谱方法

对于任意 $x \in [0, 2\pi]$ 的周期函数 $f(x)$ 而言, 其离散的 Fourier 变换为

$$\hat{f}_k = \sum_{j=0}^{N-1} f(x_j) \exp\left(-\frac{2\pi jk}{N}i\right), \quad k = 0,\ 1,\ \cdots,\ N-1, \tag{A.3}$$

其中, N 为偶数, $x_j = \dfrac{2\pi j}{N}$, $j = 0,\ 1,\ \cdots,\ N-1$, 对应的离散 Fourier 逆变换为

$$f(x_j) = \frac{1}{N} \sum_{k=0}^{N-1} \hat{f}_k \exp\left(\frac{2\pi jk}{N}i\right), \quad j = 0,\ 1,\ \cdots,\ N-1. \tag{A.4}$$

附录 B　Sobolev 空间与吸引子相关结论

我们列举 Sobolev 空间的一些常用定理、不等式与吸引子的相关结论，供读者查阅，详细内容请参考文献[24，218].

B.1　Sobolev 空间常用定理与不等式

B.1.1　Sobolev 嵌入定理

设 Ω 是一个具有一致 C^m 边界的有界区域，$1 \leqslant q < \infty$，$m \geqslant 0$ 是整数，则嵌入映射

$$W^{m, q}(\Omega) \hookrightarrow L^r(\Omega)，\frac{1}{r} \geqslant \frac{1}{q} - \frac{m}{n}，(mq < n)，$$

以及 $\forall j \in \mathbb{N}$，

$$W^{m+j, q}(\Omega) \hookrightarrow L^{j, \lambda}(\overline{\Omega})，0 < \lambda \leqslant m - \frac{n}{q}，(mq > n)，$$

都是连续的.

B.1.2　泛函导数

泛函导数(Functional Derivative)也称变分导数(Variational Derivative)，是以泛函为基础的导数. 首先，我们大致回顾一下泛函的表示方式[219].

1. 泛函

函数是当我们输入一个数值时，返回一个数值，即是以 x 为自变量，通常表示为 $y = f(x)$；而讨论泛函时，自变量不再是一个数值 x，而是一个函数 f 也就是说泛函就是以函数 $f(x)$ 为自变量的函数，或者说以函数集合为定义域的实值映射，通常表示为 $I[f]$. 下面给出几个泛函的例子.

例 B.1(定积分)　$I[f] = \int_{x_1}^{x_2} f(x) \, \mathrm{d}x.$

例 B.2(带权定积分)　$I_\omega[f] = \int_{x_1}^{x_2} \omega(x) f(x) \, \mathrm{d}x.$

例 B.3(带狄拉克函数的定积分)

$$I_\delta[f] = \int_{x_1}^{x_2} \delta(x - x_0) f(x) \, \mathrm{d}x = f(x_0)，x_0 \in (x_1, x_2).$$

以上三个例子均是线性泛函，即满足关系

$$I[C_1 f_1 + C_2 f_2] = C_1 I[f_1] + C_2 I[f_2]，C_1，C_2 \in \mathbb{C}，\quad (B.1)$$

不满足上述关系的为非线性泛函，其中最简单的密度泛函理论(Density Functional Theory, DFT)涉及的 Thomas-Fermi 动能便是非线性泛函.

例 B.4(Thomas-Fermi 动能)

$$I_{TF}[n] = C_{TF} \int n^{\frac{5}{3}}(r) \, \mathrm{d}^3 r.$$

2. 泛函变分

当输入的自变量 x 发生变化时，函数值的变化是函数的微分；当输入的自变函数 f 发生变化时，对应泛函的值的变化称为泛函的变分. 即微分是作用在定义域上，而变分作用在函数上.

首先，对于任意函数 f 的增量 δf，可以表达为无穷小量 ε 与任意函数 η 的乘积.

定义 B.1(函数的增量)　$\delta f(x) = \varepsilon \eta(x)$，　$\delta f(x_1, x_2, \cdots) = \varepsilon \eta(x_1, x_1, \cdots)$，
由于函数 f 有了增量 δf，泛函 I 便因此产生增量 δI，称为泛函的变分.

定义 B.2(泛函的变分)　$\delta I := I[f + \delta f] - I[f]$

求解泛函变分 δI 常用的方法是 Taylor 展开，即 $I[f + \delta f] = I[f + \varepsilon \eta]$ 在 $\varepsilon = 0$ 处的展开：

$$I[f + \varepsilon\eta] = I[f] + \varepsilon \frac{\mathrm{d}I[f + \varepsilon\eta]}{\mathrm{d}\varepsilon}\bigg|_{\varepsilon = 0} + \frac{\varepsilon^2}{2} \frac{\mathrm{d}^2 I[f + \varepsilon\eta]}{\mathrm{d}\varepsilon^2}\bigg|_{\varepsilon = 0} + \cdots$$

$$= \sum_{n=0}^{N} \frac{\varepsilon^n}{n!} \frac{\mathrm{d}^n I[f + \varepsilon\eta]}{\mathrm{d}\varepsilon^n}\bigg|_{\varepsilon = 0} + O(\varepsilon^{N+1}).$$

(B.2)

而各阶泛函变分与上述 Taylor 展开式的各项对应，即

定义 B.3(一阶泛函变分)　$\delta I[f] = \varepsilon \dfrac{\mathrm{d}I[f + \varepsilon\eta]}{\mathrm{d}\varepsilon}\bigg|_{\varepsilon = 0}$.

定义 B.4(二阶泛函变分)　$\delta^2 I[f] = \dfrac{\varepsilon^2}{2!} \dfrac{\mathrm{d}^2 I[f + \varepsilon\eta]}{\mathrm{d}\varepsilon^2}\bigg|_{\varepsilon = 0}$.

易知，泛函变分具有如下性质：
性质 B.5(泛函变分的性质)
$(1)\, \delta(I_1 \pm I_2) = \delta I_1 \pm \delta I_2;$
$(2)\, \delta(I_1 I_2) = I_1 \delta I_2 + I_2 \delta I_1;$
$(3)\, \delta(I^n) = nI^{n-1}\delta I;$
$(4)\, \delta\left(\dfrac{I_1}{I_2}\right) = \dfrac{I_2 \delta I_1 - I_1 \delta I_2}{I_2^2};$
$(5)\, \delta(I^{(n)}) = (\delta I)^{(n)}.$

3. 泛函导数

与函数微分推导出函数导数的思路类似，由泛函变分可推导出泛函导数. 首先，给出具体的一阶泛函导数的定义.

定义 B.6(一阶泛函导数)　设泛函

$$I[f(x)] = \int_{x_1}^{x_2} F(x, f(x), f'(x))\,\mathrm{d}x$$

的一阶泛函变分

$$\delta I = I[f(x) + \delta f(x)] - I[f(x)],$$

对于无穷小量 ε 以及任意函数 $\phi(x)$ 满足关系

$$\delta f(x) = \varepsilon \phi(x).$$

107

若 δI 可以表示为

$$\delta I = \int_{x_1}^{x_2} g(x) \cdot \delta f(x) \, dx,$$

则称 $g(x)$ 为泛函 $I[f(x)]$ 的（一阶）泛函导数，记为 $\dfrac{\delta I}{\delta f(x)}$，即

$$\frac{\delta I}{\delta f(x)} = g(x).$$

根据以上定义，我们便能推导出如下非常有用的泛函导数关系式：

性质 B.7　当泛函 $I[f]$ 取 $I_\delta[f] = \int \delta(x - x_0) f(x) \, dx = f(x_0)$ 时，则有

$$\frac{\delta f(x_0)}{\delta f(x)} = \delta(x - x_0).$$

证明　根据一阶 Taylor 展开 (B.2) 知：

$$\delta I = I_\delta[f + \varepsilon \eta] - I_\delta[f] = \int \frac{\delta I_\delta[f]}{\delta f(x)} \varepsilon \eta(x) \, dx$$

$$= \int \delta(x - x_0)[f(x) + \varepsilon \eta(x) - f(x)] \, dx = \int \delta(x - x_0) \varepsilon \eta(x) \, dx,$$

即

$$\frac{\delta I_\delta[f]}{\delta f(x)} = \frac{\delta f(x_0)}{\delta f(x)} = \delta(x - x_0).$$

证明完毕.

例 B.5　若泛函 $I[f] = f^\alpha(x_0) = \int \delta(x - x_0) f^\alpha(x) \, dx$，则一阶泛函导数为

$$\frac{\delta I[f]}{\delta f(x)} = \frac{\delta f^\alpha(x_0)}{\delta f(x)} = \delta(x - x_0) \alpha f^{\alpha-1}(x).$$

二阶泛函导数为

$$\frac{\delta^2 I[f]}{\delta f(x_1) \delta f(x_2)} = \frac{\delta}{\delta f(x_2)} \frac{\delta f^\alpha(x_0)}{\delta f(x_1)} = \delta(x_1 - x_0) \delta(x_2 - x_0) \alpha(\alpha - 1) f^{\alpha-2}(x_2).$$

4. 泛函导数的不同形式

根据泛函导数的定义，我们可以得出泛函导数的以下多种形式，假设 $\delta f(x) = \varepsilon \varphi(x)$，其中，$\varepsilon$，$\varphi(x)$ 分别为无穷小量和任意函数.

推论 B.8　设

$$I[f(x)] = \int_{x_1}^{x_2} F(x, f(x), f'(x)) \, dx,$$

则一阶泛函导数为

$$\frac{\delta I}{\delta f(x)} = \frac{\partial F}{\partial f} - \frac{\mathrm{d}}{\mathrm{d}x}\left(\frac{\partial F}{\partial f'}\right). \tag{B.3}$$

推论 B.9　设

$$I[f(x)] = \int_{x_1}^{x_2} F(x, f(x), f'(x), f''(x))\,\mathrm{d}x,$$

则一阶泛函导数为

$$\frac{\delta I}{\delta f(x)} = \frac{\partial F}{\partial f} - \frac{\mathrm{d}}{\mathrm{d}x}\left(\frac{\partial F}{\partial f'}\right) + \frac{\mathrm{d}^2}{\mathrm{d}x^2}\left(\frac{\partial F}{\partial f''}\right). \tag{B.4}$$

推论 B.10　设

$$I[f(x)] = \int_{x_1}^{x_2} F(x, f(x), f'(x), f''(x), \cdots, f^{(n)}(x))\,\mathrm{d}x,$$

则一阶泛函导数为

$$\frac{\delta I}{\delta f(x)} = \sum_{k=0}^{n} (-1)^k \frac{\mathrm{d}^k}{\mathrm{d}x^k}\left(\frac{\partial F}{\partial f^{(k)}}\right). \tag{B.5}$$

当函数 f 为多元函数 $f(x, y)$ 时，泛函导数表达如下.

推论 B.11　设

$$I[f(x, y)] = \int_{x_1}^{x_2} F(x, y, f(x, y)', f_x, f_y)\,\mathrm{d}x\mathrm{d}y,$$

则一阶泛函导数为

$$\frac{\delta I}{\delta f(x, y)} = \frac{\partial F}{\partial f} - \frac{\partial}{\partial x}\left(\frac{\partial F}{\partial f_x}\right) - \frac{\partial}{\partial y}\left(\frac{\partial F}{\partial f_y}\right). \tag{B.6}$$

5. 泛函的极值

众所周知，费马引理："可导的极值点为稳定点"，指出函数存在极值的必要条件为函数的(偏)导数等于零. 与之类似，泛函极值存在也有必要条件："Euler-Lagrange 方程". 首先，引入非常重要的变分引理.

引理 B.12(变分引理)　假设有连续函数 $f(x) \in C^0[a, b]$，以及满足条件 $g(a) = g(b) = 0$，足够光滑的任意函数 $g(x)$，如果满足

$$\int_a^b f(x)g(x)\,\mathrm{d}x \equiv 0,$$

则有 $\forall x \in [a, b]$

$$f(x) = 0.$$

下面讨论当泛函取到极值时所具有的关系. 以泛函

$$I[f(x)] = \int_{x_1}^{x_2} F(x, f(x), f'(x))\,\mathrm{d}x$$

为例，则泛函的一阶变分可由 Taylor 展开得出（ $\forall \delta f(x) = \varepsilon\varphi(x)$ ，其中 ε ， $\varphi(x)$ 分别为无穷小量和任意函数）．

$$
\begin{aligned}
\delta I &= I[f(x) + \delta f(x)] - I[f(x)] = \varepsilon \frac{\mathrm{d}I[f + \varepsilon\varphi]}{\mathrm{d}\varepsilon}\bigg|_{\varepsilon=0} \\
&= \varepsilon \int_{x_1}^{x_2} \left(\frac{\partial F}{\partial f}\varphi(x) + \frac{\partial F}{\partial f'}\varphi'(x) \right) \mathrm{d}x \\
&= \varepsilon \int_{x_1}^{x_2} \frac{\partial F}{\partial f}\varphi(x)\,\mathrm{d}x - \varepsilon \int_{x_1}^{x_2} \frac{\mathrm{d}}{\mathrm{d}x}\left(\frac{\partial F}{\partial f'} \right)\varphi(x)\,\mathrm{d}x + \varepsilon \left[\frac{\partial F}{\partial f'}\varphi(x) \right]_{x_1}^{x_2} \\
&= \int_{x_1}^{x_2} \left[\frac{\partial F}{\partial f} - \frac{\mathrm{d}}{\mathrm{d}x}\left(\frac{\partial F}{\partial f'} \right) \right] \delta f(x)\,\mathrm{d}x + \varepsilon \left[\frac{\partial F}{\partial f'}\varphi(x) \right]_{x_1}^{x_2}.
\end{aligned} \tag{B.7}
$$

如果泛函 $I[f(x)]$ 在 $f(x)$ 取到极值，则应有 $\delta I = 0$.

于是，对于一般的泛函，我们有如下泛函极值定理.

定理 B.13（泛函极值定理）　　如果泛函 $I[f(x)]$ 在 $f_0(x)$ 达到极值，则泛函在 $f_0(x)$ 上的一阶变分为零，即 $\delta I = 0$.

更进一步，如果泛函 $I[f(x)]$ 在 $f(x)$ 取到极值，当

$$
\varepsilon \left[\frac{\partial F}{\partial f'}\varphi(x) \right]_{x_1}^{x_2} = 0.
$$

时，根据变分引理，便得出非常实用的泛函极值必要条件 Euler-Lagrange 方程：

$$
\frac{\delta I}{\delta f(x)} = 0. \tag{B.8}
$$

注 B.1　为了使得

$$
\varepsilon \left[\frac{\partial F}{\partial f'}\varphi(x) \right]_{x_1}^{x_2} = 0
$$

成立，需要满足以下关系（1）或者（2）：

（1）本质边界条件（Essential B. C.）

$$
\begin{cases} \delta f(x_1) = 0 \\ \delta f(x_1) = 0 \end{cases} \quad \text{即} \quad \begin{cases} f(x_1) = f_1 \\ f(x_2) = f_2, \end{cases}
$$

（2）自然边界条件（Natural B. C.）

$$
\frac{\partial F}{\partial f'}\bigg|_{x=x_1} = 0, \quad \frac{\partial F}{\partial f'}\bigg|_{x=x_2} = 0.
$$

6. 关于泛函极值的若干例子

下面几个例子体现了泛函极值在数学物理等领域中的经典应用.

例 B.6（经典力学的 Lagrange 运动方程[220]）　　Hamilton 原理或最小作用量原理

(Principle of Least Action)在相对论、量子力学、量子场论有着广泛应用，当应用于一个机械系统的作用量时，便可以得到此机械系统的运动方程.

记 $q(t)$ 为粒子的运动轨迹，根据最小作用量原理可知：该粒子的实际轨迹为运动量泛函

$$L[q(t)] = \int_{t_1}^{t_2} S(t, q(t), q'(t)) \mathrm{d}t \tag{B.9}$$

的极小值，其中 S 为 Lagrange 坐标下动能 $\left(E = \dfrac{1}{2}m(q'(t))^2\right)$ 与势能 $(P(q))$ 的差，满足关系

$$S(q, q') = E - P(q), \quad mq''(t) = -\frac{\partial P}{\partial q} = F, \quad a = q''(t),$$

由泛函极值定理得出 Lagrange 运动方程：

$$\delta L = 0,$$

即

$$\frac{\partial S}{\partial q} - \frac{\mathrm{d}}{\mathrm{d}t}\left(\frac{\partial S}{\partial q'}\right) = 0. \tag{B.10}$$

以下几个例子均为随时间推进时粒子系统的变化情况，根据 Hamilton 原理可知，系统发展的变化方向为 Gibbs 自由能最小化方向.

例 B.7(相场方程)　考虑某种材料由熔合状态凝固时晶体增长的简单模型，该过程通常由相场 $\phi(x)$ 表示，当该材料为固体状态时 $\phi(x) \approx 1$，为液态时 $\phi(x) \approx -1$. 则 Gibbs 自由能为

$$F[\phi(x)] = \int_0^L A(\phi(x) - 1)^2(\phi(x) + 1)^2 + \varepsilon(\phi'(x))^2 \mathrm{d}x.$$

关于 $\phi(x)$ 简单的发展方程为：$\phi(x)$ 随时间的变化率沿着最速下降的方向. 即

$$\frac{\mathrm{d}}{\mathrm{d}t}\phi(x) = -k\frac{\delta F}{\delta\phi(x)} = -k[4A\phi(x)(\phi(x)^2 - 1) - 2\varepsilon\phi''(x)],$$

其中，k 表示速率.

例 B.8(Allen-Cahn 方程)　记 Ginzburg-Landau 自由能为

$$\Psi_{GL}[u] = \int_\Omega \left(\frac{1}{2}|\nabla u|^2 + F(u)\right)\mathrm{d}x. \tag{B.11}$$

其中，F 为双阱势，满足关系 $F'(u) = f(u)$，u 为相场，根据 Hamilton 原理有：

$$\frac{\partial u}{\partial t} = -\frac{\delta\Psi_{GL}}{\delta u}.$$

进一步便得出 Allen-Cahn 方程：

$$\frac{\partial u}{\partial t} = \Delta u - f. \tag{B.12}$$

证明　考虑相场为二元函数 $u(x,\ y)$，则

$$\nabla u = \left(\frac{\partial u}{\partial x},\ \frac{\partial u}{\partial y}\right),\quad |\nabla u|^2 = \left(\frac{\partial u}{\partial x}\right)^2 + \left(\frac{\partial u}{\partial y}\right)^2.$$

令

$$\Psi_{GL}[u] = \int_\Omega \mathbb{L}\, \mathrm{d}x,$$

则

$$\mathbb{L} = \frac{1}{2}\left(\left(\frac{\partial u}{\partial x}\right)^2 + \left(\frac{\partial u}{\partial y}\right)^2\right) + F(u),$$

则有

$$\frac{\delta \Psi_{GL}}{\delta u} = \frac{\partial \mathbb{L}}{\partial u} - \frac{\partial}{\partial x}\left(\frac{\partial \mathbb{L}}{\partial u_x}\right) - \frac{\partial}{\partial y}\left(\frac{\partial \mathbb{L}}{\partial u_y}\right)$$

$$= f - \Delta u.$$

即

$$\frac{\partial u}{\partial t} = -\frac{\delta \Psi_{GL}}{\delta u} = \Delta u - f.$$

注 B. 2　Allen-Cahn 方程描述了二元合金重要的相变分离过程(栅格中原子排序过程)，u 表示参数的排序(即相场)，通常取 $f(u) = u^3 - u$。

例 B. 9(Cahn-Hilliard 方程)　记改进的 Ginzburg-Landau 自由能为

$$\Psi_{MGL}[\rho] = \int_\Omega \left(\frac{1}{2}|\nabla \rho|^2 + F(u) + \frac{1}{2}\omega^2\right)\mathrm{d}x. \tag{B.13}$$

其中，$\omega = f(\rho) - \Delta \rho$，$f(\rho) = F'(\rho)$，密度 ρ，质量流 h，化学势 μ 分别满足：

(1)密度 ρ 满足质量守恒关系：

$$\frac{\partial \rho}{\partial t} = -\operatorname{div}h = -\nabla \cdot h.$$

(2)质量流 h 与化学势 μ 满足：

$$h = -\nabla \mu.$$

(3)化学势 μ 为 $\Psi_{MGL}[\rho]$ 的变分导数

$$\mu = \frac{\delta \Psi_{MGL}}{\delta \rho}.$$

于是得出 Cahn-Hilliard 方程

$$\frac{\partial \rho}{\partial t} = \Delta \mu. \tag{B.14}$$

注 B. 3　(1)针对 Ginzburg-Landau 自由能 Ψ_{GL} 而言，Cahn-Hilliard 方程为

$$\frac{\partial \rho}{\partial t} = \Delta \frac{\delta \Psi_{GL}}{\delta \rho} = -\Delta(\Delta \rho - f). \tag{B.15}$$

(2)针对改进的 Ginzburg-Landau 自由能 Ψ_{MGL} 而言，Cahn-Hilliard 方程为

$$\frac{\partial \rho}{\partial t} = \Delta \frac{\delta \Psi_{MGL}}{\delta \rho} = -\Delta(\Delta \rho - f + \Delta \omega - \omega f'). \tag{B.16}$$

证明　考虑二元函数 $\rho(x, y)$，令
$$\mathbb{L} = \omega^2 = (f(\rho) - \Delta\rho)^2 = (f(\rho) - \rho_{xx} - \rho_{yy})^2,$$
则
$$\frac{\partial \mathbb{L}}{\partial \rho} = 2\omega f', \quad \frac{d^2}{dx^2}\left(\frac{\partial \mathbb{L}}{\partial \rho_{xx}}\right) = \frac{d^2(-2\omega)}{dx^2}, \quad \frac{d^2}{dy^2}\left(\frac{\partial \mathbb{L}}{\partial \rho_{yy}}\right) = \frac{d^2(-2\omega)}{dy^2}.$$
于是
$$\frac{\partial \mathbb{L}}{\partial \rho} + \frac{d^2}{dx^2}\left(\frac{\partial \mathbb{L}}{\partial \rho_{xx}}\right) + \frac{d^2}{dy^2}\left(\frac{\partial \mathbb{L}}{\partial \rho_{yy}}\right) = 2\omega f' - 2\omega_{xx} - 2\omega_{yy}$$
$$= 2\omega f' - 2\Delta\omega,$$
泛函导数
$$\frac{\delta \Psi_{MGL}}{\delta \rho} = f - \Delta\rho + \frac{1}{2}\left(\frac{\partial \mathbb{L}}{\partial \rho} + \frac{d^2}{dx^2}\left(\frac{\partial \mathbb{L}}{\partial \rho_{xx}}\right) + \frac{d^2}{dy^2}\left(\frac{\partial \mathbb{L}}{\partial \rho_{yy}}\right)\right)$$
$$= f - \Delta\rho + \omega f' - \Delta\omega,$$
则 Cahn-Hilliard 方程为
$$\frac{\partial \rho}{\partial t} = \Delta \frac{\delta \Psi_{MGL}}{\delta \rho} = -\Delta(\Delta\rho - f + \Delta\omega - \omega f').$$

证明完毕.

B.1.3　几个重要不等式

1. Young's 不等式

针对实数：$\forall a, b, \varepsilon > 0$，共轭指数 p, q（即 $1 < p, q < +\infty$，$\frac{1}{p} + \frac{1}{q} = 1$）有
$$ab \leqslant \frac{a^p}{p} + \frac{b^q}{q}, \quad 或 \quad ab \leqslant \frac{a^2}{2\varepsilon} + \frac{\varepsilon b^2}{2}.$$

针对实对称正定矩阵 A：$\forall U \neq 0$ 有
$$|A^{\frac{1}{2}}U|^2 = U^{\mathrm{T}}AU \leqslant \frac{|AU|^2}{2\varepsilon} + \frac{\varepsilon|U|^2}{2}.$$

2. Hölder 不等式

对于共轭指数 $1 \leqslant p, q \leqslant +\infty$，$\frac{1}{p} + \frac{1}{q} = 1$，若 $f \in L^p(\Omega)$，$g \in L^q(\Omega)$，则有
$$\|fg\|_{L^1} \leqslant \|f\|_{L^p}\|g\|_{L^q}.$$
特别地，针对连续形式而言：若 $f \in L^p(\Omega)$，$g \in L^q(\Omega)$，则有
$$\int_\Omega |fg|\,dx \leqslant \left(\int_\Omega |f|^p dx\right)^{\frac{1}{p}}\left(\int_\Omega |g|^q dx\right)^{\frac{1}{q}}.$$
当 $p = q = 2$ 时，便是 Cauchy-Schwarz 不等式
$$\|fg\|_{L^1} \leqslant \|f\|_{L^2}\|g\|_{L^2}.$$
针对离散形式而言：若 $a_k, b_k \in \mathbb{R}$ 为非负实数，则有
$$\sum_k a_k b_k \leqslant \left(\sum_k a_k^p\right)^{\frac{1}{p}}\left(\sum_k b_k^q\right)^{\frac{1}{q}}.$$

当 $b_k = 1$，$p = q = 2$ 时，则有

$$\left(\sum_{k=1}^{d} a_k \right)^2 \leq d \sum_{k=1}^{d} a_k^2.$$

针对向量 $\boldsymbol{A}_k$，则有

$$\left| \sum_{k=1}^{d} \boldsymbol{A}_k \right|^2 \leq d \sum_{k=1}^{d} \left| \boldsymbol{A}_k \right|^2.$$

3. Gronwall's 引理

微分形式：假设 $u(t)$ 可微，$\forall \beta(t) \in C[a, +\infty)$ 若
$$u'(t) \leq \beta(t) u(t),$$

则

$$u(t) \leq u(a) e^{\int_a^t \beta(s) \mathrm{d}s}.$$

积分形式：若 $\beta \geq 0$ 且满足

$$u(t) \leq \alpha(t) + \int_a^t \beta(s) u(s) \mathrm{d}s,$$

则

$$u(t) \leq \alpha(t) + \int_a^t \alpha(s) \beta(s) e^{\int_s^t \beta(r) \mathrm{d}r} \mathrm{d}s.$$

此外，若 α 单调递增，则有

$$u(t) \leq \alpha(t) e^{\int_a^t \beta(s) \mathrm{d}s}.$$

4. Poincaré 不等式

设 $\Omega \subset \mathbb{R}^n$ 是有界区域，则存在只依赖于 Ω 和 n 的正常数 C，使得
$$\| u \|_{L^2(\Omega)} \leq C \| \nabla u \|_{L^2(\Omega)}, \quad \forall u \in H_0^1(\Omega).$$

B.2　吸引子相关结论

假设 V_1，V 为两个 Banach 空间，$V_1 \subset V$ 稠密，令 $F: V_1 \to V$ 是一个连续映射，则针对发展方程抽象形式

$$\begin{cases} u_t = Fu, \\ u(0) = u_0. \end{cases} \tag{B.17}$$

定义 B.14(算子半群)　设 Banach 空间 V 上一族连续映射 $\{S(t)|_{t \geq 0}\}$ 满足方程 (B.17)，即

$$u(t, u_0) = S(t) u_0, \quad \forall t \geq 0,$$

且满足以下性质：

(1) $S: [0, \infty) \times V \to V$ 连续；

(2) $S(0) = I$ 恒等算子；

(3) $S(t + p) = S(t) \cdot S(p)$，$\forall t, p \geq 0$.

则称 $\{S(t)|_{t \geq 0}\}$ 为 V 上的算子半群.

定义 B.15(有界吸收集)　如果集合 B 是空间 V 中的有界集，满足：

$\forall$ 有界集 $X \subset V$，$\exists t(X) \geq 0$，$\forall t \geq t(X)$，有

$$S(t)X \subset B,$$

则称 B 是 V 中关于 $\{S(t)|_{t\geq0}\}$ 的有界吸收集.

定义 B.16(耗散的)　如果半群 $\{S(t)|_{t\geq0}\}$ 有一个紧的吸收集,即存在某个紧集 B,$\forall$ 有界集 X,$\exists\, t_0(X) \geq 0$,$\forall\, t \geq t(X)$,有

$$S(t)X \subset B,$$

则称半群 $\{S(t)|_{t\geq0}\}$ 是耗散的.

定义 B.17(整体吸引子)　假设 $S(t)$ 为发展方程(B.17)生成的算子半群:

(1)如果集合 $\mathscr{A} \subset V$ 满足 $S(t)\mathscr{A} = \mathscr{A}$,$\forall\, t \geq 0$,称 $\mathscr{A}$ 为方程(B.17)的不变集;

(2)如果不变集 $\mathscr{A}$ 是个紧集,且存在 $\mathscr{A}$ 的一个邻域 $U \subset V$,$\forall\, x \in U$,有

$$\inf_{y \in \mathscr{A}} \| S(t)x - y \|_V \to 0,\ t \to +\infty,$$

称 $\mathscr{A}$ 吸引 U;

(3)如果 $\mathscr{A}$ 吸引 V 的任意有界子集,则称 $\mathscr{A}$ 是 V 中的一个整体吸引子.

下面给出判断吸引子存在性的重要定理.

定理 B.18　设半群 $S(t)$ 是 Banach 空间 V 中的算子半群,如果 $S(t)$ 是耗散的,则 $S(t)$ 在空间 V 中存在整体吸引子 $\mathscr{A}$.

附录 C　一维行波解的常用关系

一维行波解 $\{\Theta^{(0)}(\xi), \Phi^{(0)}(\xi)\}$ 表达式为

$$
\begin{cases}
\Theta^{(0)}(z) \equiv 1, & \Phi^{(0)}(z) \equiv 0, & z \leqslant 0, \\
\Theta^{(0)}(z) = 1 + \dfrac{1 - z - \mathrm{e}^{-z}}{R}, & \Phi^{(0)}(z) = \dfrac{\mathrm{e}^{-Lez} - 1}{LeR} + \dfrac{z}{R}, & 0 < z < R, \\
\Theta^{(0)}(z) = \theta_i \mathrm{e}^{R-z}, & \Phi^{(0)}(z) = 1 + \dfrac{1 - \mathrm{e}^{LeR}}{Le\,Re^{Lez}}, & z \geqslant R,
\end{cases}
$$

其中

$$
\kappa = \frac{1}{R}, \quad \theta_i = \frac{1 - \exp(-R)}{R}. \tag{C.1}
$$

表 C.1 给出了行波解 $\{\Theta^{(0)}(\xi), \Phi^{(0)}(\xi)\}$ 的常用值, 以方便查询.
以及性质

$$
\begin{cases}
\theta_i R = 1 - \mathrm{e}^{-R}, \\
\Theta^{(0)}_\xi + \Theta^{(0)}_{\xi\xi} = 0, & \Phi^{(0)} = 0, & \xi \leqslant 0, \\
\Theta^{(0)}_\xi + \Theta^{(0)}_{\xi\xi} + \dfrac{1}{R} = 0, & \Phi^{(0)}_\xi + \dfrac{1}{Le}\Phi^{(0)}_{\xi\xi} - \dfrac{1}{R} = 0, & 0 < \xi < R, \\
\Theta^{(0)}_\xi + \Theta^{(0)}_{\xi\xi} = 0, & \Phi^{(0)}_\xi + \dfrac{1}{Le}\Phi^{(0)}_{\xi\xi} = 0, & \xi \geqslant R.
\end{cases} \tag{C.2}
$$

表 C.1 行波解 $\{\Theta^{(0)}(\xi),\ \Phi^{(0)}(\xi)\}$ 的关系表

ξ	$\Theta^{(0)}$	$\Theta^{(0)}_{\xi}$	$\Theta^{(0)}_{\xi\xi}$	$\Theta^{(0)}_{\xi\xi\xi}$	$\Theta^{(0)}_{\xi\xi\xi\xi}$	$\Phi^{(0)}$	$\Phi^{(0)}_{\xi}$	$\Phi^{(0)}_{\xi\xi}$	$\Phi^{(0)}_{\xi\xi\xi}$	$\Phi^{(0)}_{\xi\xi\xi\xi}$
$(-\infty,0)$	1	0	0	0	0	0	0	0	0	0
$(0,R)$	$1+\dfrac{1-\xi-e^{-\xi}}{R}$	$\dfrac{-1+e^{-\xi}}{R}$	$\dfrac{-e^{-\xi}}{R}$	$\dfrac{e^{-\xi}}{R}$	$\dfrac{-e^{-\xi}}{R}$	$\dfrac{-1+e^{-Le\xi}}{LeR}+\dfrac{\xi}{R}$	$\dfrac{1-e^{-Le\xi}}{R}$	$\dfrac{Le\,e^{-Le\xi}}{R}$	$\dfrac{-Le^2e^{-Le\xi}}{R}$	$\dfrac{Le^3e^{-Le\xi}}{R}$
$(R,+\infty)$	$\theta_ie^{R-\xi}$	$-\theta_ie^{R-\xi}$	$\theta_ie^{R-\xi}$	$-\theta_ie^{R-\xi}$	$\theta_ie^{R-\xi}$	$1+\dfrac{-1+e^{-LeR}}{LeRe^{Le\xi}}$	$\dfrac{-1+e^{-LeR}}{Re^{Le\xi}}$	$\dfrac{Le(1-e^{-LeR})}{Re^{Le\xi}}$	$\dfrac{-Le^2(1-e^{-LeR})}{Re^{Le\xi}}$	$\dfrac{Le^3(1-e^{-LeR})}{Re^{Le\xi}}$
0^-	1	0	0	0	0	0	0	0	0	0
0^+	1	0	$-\dfrac{1}{R}$	$\dfrac{1}{R}$	$-\dfrac{1}{R}$	0	0	$\dfrac{Le}{R}$	$-\dfrac{Le^2}{R}$	$\dfrac{Le^3}{R}$
R^-	$\dfrac{1-e^{-R}}{R}$	$\dfrac{-1+e^{-R}}{R}$	$\dfrac{-e^{-R}}{R}$	$\dfrac{e^{-R}}{R}$	$\dfrac{-e^{-R}}{R}$	$1+\dfrac{-1+e^{-LeR}}{LeR}$	$\dfrac{1-e^{-LeR}}{R}$	$\dfrac{Le\,e^{-LeR}}{R}$	$\dfrac{-Le^2e^{-LeR}}{R}$	$\dfrac{Le^3e^{-LeR}}{R}$
R^+	θ_i	$-\theta_i$	θ_i	$-\theta_i$	θ_i	$1+\dfrac{-1+e^{-LeR}}{LeR}$	$\dfrac{1-e^{-LeR}}{R}$	$\dfrac{-Le(1-e^{-LeR})}{R}$	$\dfrac{Le^2(1-e^{-LeR})}{R}$	$\dfrac{-Le^3(1-e^{-LeR})}{R}$
$[0]$	0	0	$-\dfrac{1}{R}$	$\dfrac{1}{R}$	$-\dfrac{1}{R}$	0	0	$\dfrac{Le}{R}$	$-\dfrac{Le^2}{R}$	$\dfrac{Le^3}{R}$
$[R]$	0	0	$\dfrac{1}{R}$	$-\dfrac{1}{R}$	$\dfrac{1}{R}$	0	0	$-\dfrac{Le}{R}$	$\dfrac{Le^2}{R}$	$-\dfrac{Le^3}{R}$

附录 D　积分公式的推导

本部分给出以下积分公式的详细计算过程：$\forall f \in C^3(a, b)$，

（1）$\int_a^b f(x)\,\mathrm{d}x = \dfrac{b-a}{2}(f(a)+f(b)) - \dfrac{(b-a)^3}{12}f''(a) - \dfrac{(b-a)^4}{24}f'''(\xi)$，$\xi \in (a, b)$；

（2）$\int_a^b f(x)\,\mathrm{d}x = \dfrac{b-a}{2}(f(a)+f(b)) - \dfrac{(b-a)^3}{12}f''(b) + \dfrac{(b-a)^4}{24}f'''(\zeta)$，$\zeta \in (a, b)$.

由于两个积分公式的推导思路完全相同，我们仅给出第二个公式的推导过程。

令 $P_2(x)$ 为满足以下关系的二次多项式：

$$P_2(a) = f(a), \quad P_2(b) = f(b), \quad P_2''(b) = f''(b),$$

则 $P_2(x)$ 可写成

$$P_2(x) = f(a)\frac{b-x}{b-a} + f(b)\frac{x-a}{b-a} + f''(b)\frac{(x-a)(x-b)}{2},$$

于是有

$$\int_a^b P_2(x)\,\mathrm{d}x = \frac{b-a}{2}(f(a)+f(b)) - \frac{(b-a)^3}{12}f''(b).$$

定义

$$R_2(x) = f(x) - P_2(x),$$

则

$$R_2(a) = R_2(b) = 0.$$

如果改写 $R_2(x)$ 为

$$R_2(x) = w_2(x)S_2(x),$$

其中 S_2 为未知函数且

$$w_2(x) = (x-a)(x-b)(x+a-2b),$$

则

$$w_2'(x) = (x+a-2b)(2x-a-b) + (x-a)(x-b), \quad w_2''(x) = 6(x-b) < 0,$$

于是 $w_2(x)$ 是凸函数且满足

$$w_2(a) = w_2(b) = w_2''(b) = 0.$$

针对固定参数 $x \in (a, b)$，定义

$$F(z) = f(z) - P_2(z) - w_2(z)S_2(x),$$

则有

$$F(a) = F(b) = F(x) = 0.$$

利用罗尔定理两次，且 $F''(a) = 0$，我们得出

$$F'''(\theta) = 0, \ \exists\, \theta \in (a, b).$$

回顾

$$F'''(z) = f'''(z) - w_2'''(z)S_2(x) = f'''(z),$$

便有

$$S_2(x) = \frac{f'''(\theta)}{6}.$$

由于 w_2 在开区间 (a, b) 不变号 $(w_2(a) = w_2(b) = 0, w_2''(x) > 0)$，应用中值定理便有 $\exists \zeta \in (a, b)$，

$$\int_a^b w_2(x)S_2(x)\,\mathrm{d}x = \int_a^b w_2(x)\frac{f'''(\theta(x))}{6}\,\mathrm{d}x = \frac{f'''(\zeta)}{6}\int_a^b w_2(x)\,\mathrm{d}x$$

$$= \frac{f'''(\zeta)(b-a)^4}{6}\int_0^1 t(t-1)(t-2)\,\mathrm{d}t$$

$$= \frac{(b-a)^4}{24}f'''(\zeta).$$

因此

$$\int_a^b f(x)\,\mathrm{d}x = \int_a^b (P_2(x) + R_2(x))\,\mathrm{d}x = \int_a^b (P_2(x) + w_2(x)S_2(x))\,\mathrm{d}x$$

$$= \frac{b-a}{2}(f(a) + f(b)) - \frac{(b-a)^3}{12}f''(b) + \frac{(b-a)^4}{24}f'''(\zeta).$$

证明完毕.

参 考 文 献

[1] BUCKMASTER J D, LUDFORD G SS. Theory of laminar flames[M]. Cambridge, UK: Cambridge University Press, 1982.

[2] DUCOMET B, ZLOTNIK A. Lyapunov functional method for 1d radiative and reactive viscous gas dynamics[J]. Archive for Rational Mechanics and Analysis, 2005, 177(2): 185-229.

[3] 苏江. 关于我国权证基于 B-S 模型定价研究[D]. 北京: 北京大学, 2007.

[4] 肖庭延, 于慎根, 王彦飞. 反问题的数值解法[M]. 北京: 科学出版社, 2003.

[5] LAW K, STUART A, ZYGALAKIS K. Data assimilation: A mathematical introduction [M]. Berlin: Springer-Verlag, 2010.

[6] NAKAMURA G, SAITOH S, SEO J K. Inverse problems and related topics[M]. New York: Chapman & Hall/CRC, 2000.

[7] COLTON D, KRESS R. Inverse acoustic and electromagnetic scattering theory[M]. 3rd ed. Berlin: Springer-Verlag, 2013.

[8] CAKONI F, COLTON D L. A qualitative approach to inverse scattering theory[M]. New York: Springer-Verlag, 2014.

[9] AUBERT G, KORNPROBST P. Mathematical problems in image processing: partial differential equations and the calculus of variations[M]. Berlin: Springer-Verlag, 2006.

[10] ROACH G F. Inverse problems and imaging[M]. Essex: Longman Group UK Limited, 1991.

[11] ANGER G. Inverse problems in differential equations[M]. New York: Plenum Press, 1990.

[12] HADAMARD J. Lectures on the cauchy problem in linear partial differential equations [M]. New Haven: Yale University Press, 1923.

[13] 程晋, 刘继军, 张波. 偏微分方程反问题: 模型、算法和应用[J]. 中国科学: 数学, 2019, 49 (4): 643-666.

[14] KELLER J B. Inverse problems[J]. American Mathematical Monthly, 1976, 83 (2): 107-118.

[15] RUNDELL W. The determination of a parabolic equation from initial and final data[J]. The American Mathematical Society, 1987, 99(4): 637-642.

[16] LESNIC D, ELLIOTT L. The decomposition approach to inverse heat conduction[J]. Journal of Mathematical Analysis and Applications, 1999, 232(1): 82-98.

[17] YAMAMOTO M, ZOU J. Simultaneous reconstruction of the initial temperature and heat radiative coefficient[J]. Inverse Problems, 2001, 17 (4): 1181.

[18] LIU J J. Numerical solution of forward and backward problem for 2-D heat conduction equation[J]. Journal of Computational and Applied Mathematics, 2002, 145(2): 459-482.

[19] LIU J J. Continuous dependence for a backward parabolic problem[J]. Journal of Partial Differential Equations, 2003, 16(3): 211-222.

[20] CHEN Q, LIU J J. Solving an inverse parabolic problem by optimization from final measurement data[J]. Journal of Computational and Applied Mathematics, 2006, 193 (1): 183-203.

[21] CHENG J, LIU J J. A quasi tikhonov regularization for a two-dimensional backward heat problem by a fundamental solution[J]. Inverse Problems, 2008, 24 (6): 1-18.

[22] YANG L, YU J N, DENG Z C. An inverse problem of identifying the coefficient of parabolic equation[J]. Applied Mathematical Modelling, 2008, 32 (10): 1984-1995.

[23] WANG Z W, LIU J J. Identification of the pollution source from one-dimensional parabolic equation models[J]. Applied Mathematics and Computation, 2012, 219 (8): 3403-3413.

[24] TEMAM R. Infinite-dimensional dynamical systems in mechanics and physics[M]. 2nd ed. New York: Springer Science and Business Media, 2012.

[25] RUBINSTEIN L I. The Stefan problem[M]. New York: American Mathematical Society, 1971.

[26] CRANK J. Free and moving boundary problems[M]. London: Oxford University Press, 1984.

[27] OCKENDON J, HOWISON S, LACEY A, et al. Applied partial differential equations [M]. London: Oxford University Press, 2003.

[28] HADAMARD J. Mémoire sur le problème d'analyse relatif à l'équilbre des plaques élastiques encastrées[M]. Paris: Imprimerie Nationale, 1908.

[29] STEFAN J. Über einige probleme der theorie der warmeletung[J]. Sitzer. Wien. Akad. Math. Naturw., 1889, 98: 473-484.

[30] STEFAN J. Über die theorie der eisbildung, insbesondere über die eisbildung im polarmeere[J]. Annalen der Physik, 1891, 278 (2): 269-286.

[31] CANIC S, KEYFITZ B L, LIEBERMAN G M. A proof of existence of perturbed steady transonic shocks via a free boundary problem[J]. Communications on Pure and Applied Mathematics, 2000, 53(4): 484-511.

[32] SANDIER É, SERFATY S. A rigorous derivation of free-boundary problem arising in superconductivity[J]. Annales Scientifiques de L'ecole Normale Sup \ 'erieure, 2000, 33 (4): 561-592.

[33] KOLODNER I I. Free boundary problem for the heat equation with applications to problems

of change of phase[J]. Communications on Pure and Applied Mathematics, 1956, 9(1): 1-31.

[34] MERZ W, RYBKA P. A free boundary problem describing reaction-diffusion problems in chemical vapor infiltration of pyrolytic carbon[J]. Journal of Mathematical Analysis and Applications, 2004, 292(2): 571-588.

[35] QIAN X S, XU C L, JIANG L S, et al. Convergence of the binomial tree method for American options in a jump-diffusion model[J]. SIAM Journal on Numerical Analysis, 2005, 42 (5): 1899-1913.

[36] YANG C R, JIANG L S, BIAN B J. Free boundary and American options in a jump-diffusion model[J]. European Journal of Applied Mathematics, 2006, 17(1): 95-127.

[37] LIANG J, HU B, JIANG L S. Optimal convergence rate of the binomial tree scheme for American options with jump diffusion and their free boundaries[J]. SIAM Journal on Financial Mathematics, 2010, 1(1): 30-65.

[38] LIN Z G. A free boundary problem for a predator-prey model[J]. Nonlinearity, 2007, 20 (8): 1883.

[39] KIM K I, LIN Z G. A free boundary problem for a parabolic system describing an ecological model[J]. Nonlinear Analysis: Real World Applications, 2009, 10(1): 428-436.

[40] KWANGIK K. Global existence and blowup of solutions to a free boundary problem for mutualistic model[J]. Science China Mathematics, 2010, 53 (8): 2085-2095.

[41] DU Y H, LIN Z G. Spreading-vanishing dichotomy in the diffusive logistic model with a free boundary[J]. SIAM Journal on Mathematical Analysis, 2010, 42(1): 377-405.

[42] DU Y H, LOU B D. Spreading and vanishing in nonlinear diffusion problems with free boundaries[J]. Journal of the European Mathematical Society, 2015, 17(10): 2673-2724.

[43] FRIEDMAN A. A free boundary problem for a coupled system of elliptic, hyperbolic, and Stokes equations modeling tumor growth[J]. Interfaces and Free Boundaries, 2006, 8 (2): 247-261.

[44] FRIEDMAN A. Free boundary problems associated with multiscale tumor models[J]. Mathematical Modelling of Natural Phenomena, 2009, 4(4): 134-155.

[45] 崔尚斌. 肿瘤生长的自由边界问题[J]. 数学进展, 2009, 38 (1): 1-18.

[46] XU S H. Analysis of a delayed free boundary problem for tumor growth[J]. Discrete and Continuous Dynamical Systems-Series B, 2011, 15(1): 293-308.

[47] XU S H. Qualitative analysis of a mathematical model for tumor growth under the effect of periodic therapy[J]. Advances in Pure and Applied Mathematics, 2015, 6(1): 39-44.

[48] WANG Z J. Bifurcation for a free boundary problem modeling tumor growth with inhibitors [J]. Nonlinear Analysis: Real World Applications, 2014, 19(1): 45-53.

[49] ARISTOTELOUS A C, KARAKASHIAN O A, WISE S M. Adaptive, second-order in

time, primitive-variable discontinuous Galerkin schemes for a Cahn-Hilliard equation with a mass source[J]. IMA Journal of Numerical Analysis, 2015, 35 (3): 1167-1198.

[50] CHEN X, FRIEDMAN A. A free boundary problem arising in a model of wound healing [J]. SIAM Journal on Mathematical Analysis, 2000, 32(4): 778-800.

[51] 闫德宝. 一种圆形表皮伤口愈合模型整体解的存在唯一性[J]. 江南大学学报（自然科学版）, 2012, 11 (2): 248-252.

[52] BRAILOVSKY I, GORDON P V, KAGAN L, et al. Diffusive-thermal instabilities in premixed flames: Stepwise ignition-temperature kinetics [J]. Combustion and Flame, 2015, 162 (5): 2077-2086.

[53] BRUYNESTEYN A. Mineral biotechnology[J]. Journal of Biotechnology, 1989, 11 (1): 1-10.

[54] DWIVEDY K K, MATHUR A K. Bioleaching-our experience [J]. Hydrometallurgy, 1995, 38 (1): 99-109.

[55] GHORBANI Y, BECKER M, MAINZA A, et al. Large particle effects in chemical/biochemical heap leach processes-A review[J]. Minerals Engineering, 2011, 24 (11): 1172-1184.

[56] PANDEY B D. Microbially assisted leaching of uranium—A review [J]. Mineral Processing and Extractive Metallurgy Review, 2013, 34 (2): 81-113.

[57] BOUFFARD S C, DIXON D G. Investigative study into the hydrodynamics of heap leaching processes[J]. Metallurgical and Materials Transactions B, 2001, 32(5): 763-776.

[58] WU A X, LIU J Z, YIN S H, et al. The mathematical model of the solute transportation in the heap leaching and the analytic solutions[J]. Mining and Metallurgical Engineering, 2005, 25 (5): 7-10.

[59] SCHRENK M O, EDWARDS K J, GOODMAN R M, et al. Distribution of thiobacillus ferrooxidans and leptospirillum ferrooxidans: Implications for generation of acid mine drainage[J]. Science, 1998, 279 (5356): 1519-1522.

[60] HOQUE M E, PHILIP O J. Biotechnological recovery of heavy metals from secondary sources—An overview[J]. Materials Science and Engineering-C: Biomimetic Materials, Sensors and Systems, 2011, 31 (2): 57-66.

[61] DZIURLA M A, ACHOUAK W, LAM B T, et al. Enzyme-linked immunofiltration assay to estimate attachment of thiobacilli to pyrite [J]. Applied and Environmental Microbiology, 1998, 64(8): 2937-2942.

[62] CRUNDWELL F K. How do bacteria interact with minerals[J]. Hydrometallurgy, 2003, 71 (1): 75-81.

[63] LI G S, CHENG J, YAO D, et al. One-dimensional equilibrium model and source parameter determination for soil-column experiment [J]. Applied Mathematics and Computation, 2007, 190 (2): 1365-1374.

[64] 马昱，李功胜，王继胜，等. 多组分溶质运移参数反演的数值模拟[J]. 山东理工大学学报(自然科学版)，2008, 22 (1): 1-6.

[65] 王高雄，周之铭，朱思铭. 常微分方程(第三版)[M]. 北京：高等教育出版社，2013.

[66] NIE H T, TAO J H. Inversion of dispersion coefficient in water quality model using optimal perturbation algorithm[J]. Applied Mathematics and Mechanics, 2009, 30 (6): 655-662.

[67] ZHANG W, WANG Z W, LIU T W. Identification of the pollution source by using a semi-discretization approach[J]. Advanced Materials Research, 2012, 599: 348-353.

[68] ZHANG W, SUN Z X, WANG Z W, et al. A coupled model of partial differential equations for uranium ores heap leaching and its parameters identification[J]. Journal of Inverse and Ill-posed Problems, 2016, 24(1): 41-50.

[69] 乔登江. 地下核爆炸现象学概论[M]. 北京：国防工业出版社，2002.

[70] 仵彦卿. 多孔介质污染物迁移动力学[M]. 上海：上海交通大学出版社，2007.

[71] 狄军贞，刘建军，殷志祥. 低渗透煤层气-水流固耦合数学模型及数值模拟[J]. 岩土力学，2007(S1): 231-235.

[72] 王榕树，冯为. 放射性核素在地质介质中的迁移研究[J]. 核化学与放射化学，1994, 16 (2): 117-121.

[73] 梁冰，刘磊，薛强，等. 核素渗漏对地下水污染的数值仿真研究[J]. 系统仿真学报，2007, 19 (2): 261-263.

[74] 杨天行，王运国，姚磊华，等. 裂隙岩石介质中核素迁移的模型及其算子分裂、迎风、均衡格式[J]. 长春地质学院学报，1991(3): 349-358.

[75] CRANK J. The mathematics of diffusion[M]. London: Oxford University Press, 1979.

[76] BAETSLÉ L H. Migration of radionuclides in porous media[J]. Progress in Nuclear Energy-Series XII: Health Physics, 1969: 707-730.

[77] HUNT B W. Dispersive sources in uniform groundwater flow[J]. Journal of the Hydraulics Division, 1978, 104 (1): 75-85.

[78] AHSANUZZAMAN A N M, KOLAR R, ZAMAN M. Limiting source dimensions of three-dimensional analytical point source model for solute transport[J]. Hydrology Days Proceedings, 2003: 1-15.

[79] VAN GENUCHTEN M T, ALVES W J. Analytical solutions of the one-dimensional convective-dispersive solute transport equation[J]. Agricultural Water Management, 1982, 9 (1): 79-80.

[80] WEXLER E J. Analytical solutions for one-, two-, and three-dimensional solute transport in ground-water systems with uniform flow[M]. Washington: US Government Printing Office, 1992.

[81] DOMENICO P A. An analytical model for multidimensional transport of a decaying contaminant species[J]. Journal of Hydrology, 1987, 91 (1-2): 49-58.

[82] DOMENICO P A, ROBBINS G A. A new method of contaminant plume analysis[J]. Ground Water, 2010, 23 (4): 476-485.

[83] WIEDEMEIER T H, RIFAI H S, NEWELL C J, et al. Natural attenuation of fuels and chlorinated solvents in the subsurface [M]. Hoboken, New Jersey: John Wiley and SonsInc, 1999.

[84] 罗嗣海, 钱七虎, 李金轩, 等. 高放废物深地质处置中的多场耦合与核素迁移[J]. 岩土力学, 2005(S1): 268-274.

[85] 李录, 李春江, 张吴平. 单裂隙花岗岩中核素迁移的连续数学模型研究[J]. 山西大学学报(自然科学版), 1998, 1: 1-9.

[86] 王泽文, 邱淑芳. 一类流域点污染源识别的稳定性与数值模拟[J]. 水动力学研究与进展, 2008, 23 (4): 364-371.

[87] 刘继军. 不适定问题的正则化方法及应用[M]. 北京: 科学出版社, 2005.

[88] 王彦飞. 反演问题的计算方法及其应用[M]. 北京: 高等教育出版社, 2007.

[89] 张文, 王泽文, 乐励华. 双重介质中的一类核素迁移数学模型及其反演[J]. 岩土力学, 2010, 31 (2): 553-558.

[90] 张文, 阮周生, 邱淑芳, 等. 二维单裂隙-孔隙双重介质的核素迁移数学模型及参数反演[J]. 东华理工大学学报(自然科学版), 2012, 35 (4): 422-427.

[91] WANG Z W, ZHANG W, WU B. Regularized optimization method for determining the space-dependent source in a parabolic equation without iteration [J]. Journal of Computational Analysis and Applications, 2016, 20 (6): 1107-1126.

[92] ZELDOVICH Y B, FRANK-KAMENETSKII D A. A theory of thermal flame propagation [J]. Acta Physicochim URSS, 1938, 9: 341-350.

[93] WILLIAMS F A. Combustion theory: the fundamental theory of chemically reacting flow systems[M]. New York: Benjamin-Cummings Publishing Company, 1985.

[94] LIONS J L. Perturbations singulières dans les problèmes aux limites et en contrôle optimal [M]. New York: Springer, 1970.

[95] GHONIEM A F, CHORIN A J, OPPENHEIM A K. Numerical modeling of turbulent combustion in premixed gases[C]//Symposium (International) on Combustion. Berkeley: University of California, 1981: 1375-1383.

[96] 范维澄. 计算燃烧学[M]. 合肥: 安徽科学技术出版社, 1987.

[97] EMERY A, JOHANSSON O, ABROUS A. Radiation heat transfer shape factors for combustion systems[C]//Fundamentals and Applications of Radiation Heat Transfer. New York: American Society of Mechanical Engineers, 1987: 119-126.

[98] SIVASHINSKY G I. Some developments in premixed combustion modeling [J]. Proceedings of the Combustion Institute, 2002, 29(2): 1737-1761.

[99] BRAUNER C M, EBAD S N, SCHMIDT-LAINÉ C. Nonlinear stability analysis of singular travelling waves in combustion: A one-phase problem[J]. Nonlinear Analysis: Theory, Methods and Applications, 1991, 16 (10): 881-892.

[100] BRAUNER C M, HULSHOF J, LUNARDI A. A general approach to stability in free boundary problems[J]. Journal of Differential Equations, 2000, 164 (1): 16-48.

[101] MALLARD E. Recherches experimentales et theoriques sur la combustion des melanges gaseux explosifs[J]. Ann. Mines, 1883, 8 (4): 274-568.

[102] COLELLA P, MAJDA A, ROYTBURD V. Theoretical and numerical structure for reacting shock waves[J]. SIAM Journal on Scientific and Statistical Computing, 1986, 7 (4): 1059-1080.

[103] FERZIGER J H, ECHEKKI T. A simplified reaction rate model and its application to the analysis of premixed flames[J]. Combustion Science and Technology, 1993, 89 (5-6): 293-315.

[104] BRAILOVSKY I, SIVASHINSKY G I. Momentum loss as a mechanism for deflagration-to-detonation transition[J]. Combustion Theory and Modelling, 1998, 2 (4): 429-447.

[105] BAYLISS A, LENNON E M, TANZY M C, et al. Solution of adiabatic and nonadiabatic combustion problems using step-function reaction models[J]. Journal of Engineering Mathematics, 2013, 79 (1): 101-124.

[106] LUTZA E. A numerical study of thermal ignition[R]. Livermore, California: Sandia National Laboratories, 1988.

[107] KUZNETSOV M, LIBERMAN M, MATSUKOV I. Experimental study of the preheat zone formation and deflagration to detonation transition[J]. Combustion Science and Technology, 2010, 182(11-12): 1628-1644.

[108] SÁNCHEZ A L, WILLIAMS F A. Recent advances in understanding of flammability characteristics of hydrogen[J]. Progress in Energy and Combustion Science, 2014, 41: 1-55.

[109] LUNARDI A. Analytic semigroups and optimal regularity in parabolic problems[M]. New York: Springer Science and Business Media, 2012.

[110] BACONNEAU O, BRAUNER C M, LUNARDI A. Computation of bifurcated branches in a free boundary problem arising in combustion theory[J]. ESAIM Mathematical Modelling and Numerical Analysis, 2000, 34 (2): 223-339.

[111] BRAUNER C M, LUNARDI A. Instabilities in a two-dimensional combustion model with free boundary[J]. Archive for Rational Mechanics and Analysis, 2000, 154(2): 157-182.

[112] BRAUNER C M, LUNARDI A. Bifurcation of nonplanar travelling waves in a free boundary problem[J]. Nonlinear Analysis: Theory, Methods and Applications, 2001, 44 (2): 247-261.

[113] LORENZI L. A free boundary problem stemmed from combustion theory. Part I: Existence, uniqueness and regularity results[J]. Journal of Mathematical Analysis and Applications, 2002, 274(2): 505-535.

[114] LORENZI L. A free boundary problem stemmed from combustion theory. Part II:

Stability, instability and bifurcation results[J]. Journal of Mathematical Analysis and Applications, 2002, 275(1): 131-160.

[115] HU L N, BRAUNER C M, SHEN J, et al. Modeling and simulation of fingering pattern formation in a combustion model[J]. Mathematical Models and Methods in Applied Sciences, 2015, 25 (4): 685-720.

[116] BRAUNER C M, FRANKEL M L, HULSHOF J, et al. On the κ-θ model of cellular flames: Existence in the large and asymptotics[J]. Discrete and Continuous Dynamical Systems-Series A, 2008, 1: 27-39.

[117] BRAUNER C M, FRANKEL M L, HULSHOF J, et al. Weakly nonlinear asymptotics of the κ-θ model of cellular flames: the QS equation[J]. Interfaces and Free Boundaries, 2005, 7 (2): 131-146.

[118] BRAUNER C M, HU L N, LORENZI L. Asymptotic analysis in a gas-solid combustion model with pattern formation[J]. Chinese Annals of Mathematics-Series B, 2013, 34 (1): 65-88.

[119] BRAUNER C M, HULSHOF J, LORENZI L, et al. A fully nonlinear equation for the flame front in a quasi-steady combustion model[J]. Discrete and Continuous Dynamical Systems-Series A, 2010, 27(4): 1415-1446.

[120] BRAUNER C M, LORENZI L, SIVASHINSKY G I, et al. On a strongly damped wave equation for the flame front[J]. Chinese Annals of Mathematics-Series B, 2010, 31 (6): 819-840.

[121] ADDONA D, BRAUNER C M, LORENZI L, et al. Instabilities in a combustion model with two free interfaces[J]. Journal of Differential Equations, 2018(6).

[122] SHEN J, TANG T, WANG LL. Spectral methods: Algorithms, analysis and applications [M]. New York: Springer Science and Business Media, 2011.

[123] BRAUNER C M, GORDON P V, ZHANG W. An ignition-temperature model with two free interfaces in premixed flames[J]. Combustion Theory and Modelling, 2016, 20 (6): 976-994.

[124] CAHN J W, HILLIARD J E. Free energy of a nonuniform system-I: Interfacial free energy[J]. The Journal of Chemical Physics, 1958, 28 (2): 258-267.

[125] CAHN J W. On spinodal decomposition[J]. Acta Metallurgica, 1961, 9 (9): 795-801.

[126] CHERFILS L, MIRANVILLE A, ZELIK S. The Cahn-Hilliard equation with logarithmic potentials[J]. Milan Journal of Mathematics, 2011, 79 (2): 561-596.

[127] ELLIOTT C M. The Cahn-Hilliard model for the kinetics of phase separation[M]// Mathematical Models for Phase Change Problems. Berlin, Heidelberg: Springer, 1989: 35-73.

[128] KOHN R V, OTTO F. Upper bounds on coarsening rates [J]. Communications in Mathematical Physics, 2002, 229(3): 375-395.

[129] LANGER J S. Theory of spinodal decomposition in alloys[J]. Annals of Physics, 1971,

65（1）：53-86.

[130] STANISLAUS M P, WANNER T. Spinodal decomposition for the Cahn-Hilliard equation in higher dimensions. Part I: Probability and wavelength estimate[J]. Communications in Mathematical Physics, 1998, 195(2): 435-464.

[131] MAIER-PAAPE S, WANNER T. Spinodal decomposition for the Cahn-Hilliard equation in higher dimensions. Part II: Nonlinear dynamics[J]. Archive for Rational Mechanics and Analysis, 2000, 151(3): 187-219.

[132] NOVICK-COHEN A. The Cahn-Hilliard equation: Mathematical and modeling perspectives [J]. Advances in Mathematical Sciences and Applications, 1998, 8: 965-985.

[133] NOVICK-COHEN A. The Cahn-Hilliard equation [J]. Handbook of Differential Equations: Evolutionary Equations, 2008, 4: 201-228.

[134] KIM J, LEE S, CHOI Y, et al. Basic principles and practical applications of the Cahn-Hilliard equation[J]. Mathematical Problems in Engineering, 2016, 3: 1-11.

[135] NOVICK-COHEN A, SEGEL L A. Nonlinear aspects of the Cahn-Hilliard equation[J]. Physica D: Nonlinear Phenomena, 1984, 10 (3): 277-298.

[136] ELLIOTT C M, FRENCH D A. Numerical studies of the Cahn-Hilliard equation for phase separation[J]. IMA Journal of Applied Mathematics, 1987, 38 (2): 97-128.

[137] COHEN D S, MURRAY J D. A generalized diffusion model for growth and dispersal in a population[J]. Journal of Mathematical Biology, 1981, 12 (2): 237-249.

[138] HAZEWINKEL M, KAASHOEK J F, LEYNSE B. Pattern formation for a one dimensional evolution equation based on Thom's river basin model[M]//Disequilibrium and Self-organisation. Dordrecht, Holland: Springer, 1986: 23-46.

[139] TAYLER A B. Mathematical models in applied mechanics [M]. London: Oxford University Press, 2001.

[140] CHOKSI R, PELETIER M A, WILLIAMS J F. On the phase diagram for microphase separation of diblock copolymers: An approach via a nonlocal Cahn-Hilliard functional [J]. SIAM Journal on Applied Mathematics, 2009, 69 (6): 1712-1738.

[141] JEONG D, LEE S, CHOI Y, et al. Energy-minimizing wavelengths of equilibrium states for diblock copolymers in the hex-cylinder phase[J]. Current Applied Physics, 2015, 15 (7): 799-804.

[142] JEONG D, SHIN J, LI Y B, et al. Numerical analysis of energy-minimizing wavelengths of equilibrium states for diblock copolymers[J]. Current Applied Physics, 2014, 14 (9): 1263-1272.

[143] MARALDI M, MOLARI L, GRANDI D. A unified thermodynamic framework for the modelling of diffusive and displacive phase transitions [J]. International Journal of Engineering Science, 2012, 50(1): 31-45.

[144] BERTOZZI A, ESEDOGLU S, GILLETTE A. Inpainting of binary images using the Cahn-Hilliard equation [J]. IEEE Transactions on Image Processing, 2007, 16(1):

285-91.

[145] BERTOZZI A, ESEDOGLU S, GILLETTE A. Analysis of a two-scale Cahn-Hilliard model for binary image inpainting[J]. Multiscale Modeling and Simulation, 2007, 6 (3): 913-936.

[146] CHERFILS L,FAKIH H, MIRANVILLE A. Finite-dimensional attractors for the Bertozzi-Esedoglu-Gillette-Cahn-Hilliard equation in image inpainting[J]. Inverse Problems and Imaging, 2015, 9 (1): 105-125.

[147] CHERFILS L, FAKIH H, MIRANVILLE A. On the Bertozzi-Esedoglu-Gillette-Cahn-Hilliard equation with logarithmic nonlinear terms [J]. SIAM Journal on Imaging Sciences, 2015, 8 (2): 1123-1140.

[148] CHERFILS L, FAKIH H, MIRANVILLE A. A Cahn-Hilliard system with a fidelity term for color image inpainting[J]. Journal of Mathematical Imaging and Vision, 2016, 54 (1): 117-131.

[149] BADALASSI V, CENICEROS H, BANERJEE S. Computation of multiphase systems with phase field models[J]. Journal of Computational Physics, 2003, 190 (2): 371-397.

[150] HEIDA M. On the derivation of thermodynamically consistent boundary conditions for the Cahn-Hilliard-Navier-Stokes system [J]. International Journal of Engineering Science, 2013, 62: 126-156.

[151] KOTSCHOTE M, ZACHER R. Strong solutions in the dynamical theory of compressible fluid mixtures[J]. Mathematical Models and Methods in Applied Sciences, 2015, 25 (7): 1217-1256.

[152] ZHU J Z, CHEN L Q, SHEN J. Morphological evolution during phase separation and coarsening with strong inhomogeneous elasticity [J]. Modelling and Simulation in Materials Science and Engineering, 2001, 9 (6): 499-511.

[153] ZAEEM M A, KADIRI H, HORSTEMEYER M F, et al. Effects of internal stresses and intermediate phases on the coarsening of coherent precipitates: A phase-field study[J]. Current Applied Physics, 2012, 12 (2): 570-580.

[154] HILHORST D, KAMPMANN J, NGUYEN T N, et al. Formal asymptotic limit of a diffuse-interface tumor-growth model[J]. Mathematical Models and Methods in Applied Sciences, 2015, 25 (6): 1011-1043.

[155] FAKIH H. A Cahn-Hilliard equation with a proliferation term for biological and chemical applications[J]. Asymptotic Analysis, 2015, 94 (1-2): 71-104.

[156] FARSHBAF-SHAKER M H, HEINEMANN C. A phase field approach for optimal boundary control of damage processes in two-dimensional viscoelastic media [J]. Mathematical Models and Methods in Applied Sciences, 2015, 25 (14): 2749-2793.

[157] ZHOU S W,WANG M Y. Multimaterial structural topology optimization with a generalized Cahn-Hilliard model of multiphase transition [J]. Structural and Multidisciplinary

Optimization, 2007, 33(2): 89.

[158] COHEN D S, MURRAY J D. A generalized diffusion model for growth and dispersal ina population[J]. Journal of Mathematical Biology, 1981, 12 (2): 237-249.

[159] ELLIOTT C M, ZHENG S M. On the Cahn-Hilliard equation[J]. Archive for Rational Mechanics and Analysis, 1986, 96(4): 339-357.

[160] ZHENG S M. Asymptotic behavior of solution to the Cahn-Hilliard equation [J]. Applicable Analysis, 1986, 23 (3): 165-184.

[161] ELLIOTT C M, GARCKE H. On the Cahn-Hilliard equation with degenerate mobility [J]. SIAM Journal on Mathematical Analysis, 2000, 27(2): 404-423.

[162] LI D S, ZHONG C K. Global attractor for the Cahn-Hilliard system with fast growing nonlinearity[J]. Journal of Differential Equations, 1998, 149 (2): 191-210.

[163] YIN J X, LIU CC. Regularity of solutions of the Cahn-Hilliard equation with concentration dependent mobility[J]. Nonlinear Analysis: Theory, Methods and Applications, 2001, 45 (5): 543-554.

[164] LIU CC, QI Y W, YIN J X. Regularity of solutions of the Cahn-Hilliard equation with non-constant mobility[J]. Acta Mathematica Sinica, 2006, 22 (4): 1139-1150.

[165] YIN L, LI Y H, HUANG R, et al. Time periodic solutions for a Cahn-Hilliard type equation[J]. Mathematical and Computer Modelling, 2008, 48 (1): 11-18.

[166] MIRANVILLE A. Asymptotic behavior of the Cahn-Hilliard-Oono equation[J]. Journal of Applied Analysis and Computation, 2011, 1(4): 523-536.

[167] MIRANVILLE A. Asymptotic behaviour of a generalized Cahn-Hilliard equation with a proliferation term[J]. Applicable Analysis, 2013, 92 (6): 1308-1321.

[168] CHERFILS L, MIRANVILLE A, ZELIK S. On a generalized Cahn-Hilliard equation with biological applications [J]. Discrete and Continuous Dynamical System-Series B, 2014, 19(7): 2013-2026.

[169] MIRANVILLE A. A generalized Cahn-Hilliard equation with logarithmic potentials[J]. Continuous and Distributed Systems II: Theory and Applications, 2015, 30: 137-148.

[170] FAKIH H. Asymptotic behavior of a generalized Cahn-Hilliard equation witha mass source [J]. Applicable Analysis, 2017, 96 (2): 324-348.

[171] CHERFILS L, MIRANVILLE A, PENG S R. Higher-order Allen-Cahn models with logarithmic nonlinear terms[M]//Advances in Dynamical Systems and Control. Berlin, Heidelberg: Springer, 2016 \ natexlabb: 247-263.

[172] CHERFILS L, MIRANVILLE A, PENG S R. Higher-order models in phase separation [J]. Journal of Applied Analysis and Computation, 2016, 7(1): 39-56.

[173] CHERFILS L, MIRANVILLE A, PENG S R. Higher-order anisotropic models in phase separation[J]. Advances in Nonlinear Analysis, 2019, 8 (1): 278-302.

[174] CHERFILS L, MIRANVILLE A, PENG S R, et al. Higher-order generalized Cahn-Hilliard equations[J]. Electronic Journal of Qualitative Theory of Differential Equations,

2017, 9: 1-22.

[175] ELLIOTT C M, FRENCH D A, MILNER F A. A second order splitting method for the Cahn-Hilliard equation[J]. Numerische Mathematik, 1989, 54 (5): 575-590.

[176] COPETTI M, ELLIOTT C M. Numerical analysis of the Cahn-Hilliard equation with a logarithmic free energy[J]. Numerische Mathematik, 1992, 63 (1): 39-65.

[177] FENG X B, PROHL A. Analysis of a fully discrete finite element method for the phase field model and approximation of its sharp interface limits [J]. Mathematics of Computation, 2004, 73 (246): 541-567.

[178] CHOO S M, LEE Y J. A discontinuous Galerkin method for the Cahn-Hilliard equation [J]. Journal of Applied Mathematics and Computing, 2005, 18(1): 113-126.

[179] WELLS G N, KUHL E, GARIKIPATI K. A discontinuous Galerkin method for the Cahn-Hilliard equation[J]. Journal of Computational Physics, 2006, 218 (2): 860-877.

[180] FENG X B, KARAKASHIAN O. Fully discrete dynamic mesh discontinuous Galerkin methods for the Cahn-Hilliard equation of phase transition [J]. Mathematics of Computation, 2007, 76 (259): 1093-1117.

[181] KIM J, KANG K, LOWENGRUB J. Conservative multigrid methods for ternary Cahn-Hilliard systems[J]. Communications in Mathematical Sciences, 2004, 2(1): 53-77.

[182] KAY D, WELFORD R. Amultigrid finite element solver for the Cahn-Hilliard equation [J]. Journal of Computational Physics, 2006, 212 (1): 288-304.

[183] FURIHATA D. A stable and conservative finite difference scheme for the Cahn-Hilliard equation[J]. Numerische Mathematik, 2001, 87 (4): 675-699.

[184] EYRE D J. Systems of Cahn-Hilliard equations [J]. SIAM Journal on Applied Mathematics, 1993, 53(6): 1686-1712.

[185] HU ZZ, WISE S M, WANG C, et al. Stable and efficient finite-difference nonlinear-multigrid schemes for the phase field crystal equation [J]. Journal of Computational Physics, 2009, 228 (15): 5323-5339.

[186] XIA Y H, XU Y, SHU C W. Local discontinuous Galerkin methods for the Cahn-Hilliard type equations[J]. Journal of Computational Physics, 2007, 227 (1): 472-491.

[187] WISE S M, LOWENGRUB J S, CRISTINI V. An adaptive multigrid algorithm for simulating solid tumor growth using mixture models[J]. Mathematical and Computer Modelling, 2011, 53 (1): 1-20.

[188] HAWKINS-DAARUD A, VAN DER ZEE K G, ODEN J T. Numerical simulation of a thermodynamically consistent four-species tumor growth model[J]. International Journal for Numerical Methods in Biomedical Engineering, 2012, 28 (1): 3-24.

[189] KHAIN E, SANDER L M. Generalized Cahn-Hilliard equation for biological applications [J]. Physical Review E, 2008, 77 (5): 051129.

[190] KLAPPER I, DOCKERY J. Role of cohesion in the material description of biofilms[J]. Physical Review E, 2006, 74 (3): 031902.

[191] ORON A, DAVIS S H, BANKOFF S G. Long-scale evolution of thin liquid films[J]. Reviews of Modern Physics, 1997, 69 (3): 931.

[192] THIELE U, KNOBLOCH E. Thin liquid films on a slightly inclined heated plate[J]. Physica D: Nonlinear Phenomena, 2004, 190 (3): 213-248.

[193] BERTOZZI A L, ESEDOGLU S, GILLETTE A. Inpainting of binary images using the Cahn-Hilliard equation[J]. IEEE Transactions on Image Processing, 2007, 16(1): 285-291.

[194] BERTOZZI A, ESEDOGLU S, GILLETTE A. Analysis of a two-scale Cahn-Hilliard modelfor binary image inpainting[J]. Multiscale Modeling and Simulation, 2007, 6 (3): 913-936.

[195] CHALUPECKÝ V. Numerical studies of Cahn-Hilliard equation and applications in image processing[C]//Czech-Japanese Seminar in Applied Mathematics. Prague: Czech Technical University, 2008: 10-22.

[196] DOLCETTA I C, VITA S F, MARCH R. Area-preserving curve-shortening flows: From phase separation to image processing[J]. Interfaces and Free Boundaries, 2002, 4 (4): 325-343.

[197] TREMAINE S. On the origin of irregular structure in Saturn's rings[J]. The Astronomical Journal, 2003, 125 (2): 894.

[198] LIU Q X, DOELMAN A, ROTTSCHÄFER V, et al. Phase separation explains a new class of self-organized spatial patterns in ecological systems[J]. The National Academy of Sciences, 2013, 110(29): 11905-11910.

[199] GIACOMIN G, LEBOWITZ J L. Phase segregation dynamics in particle systems with long range interactions-I: Macroscopic limits[J]. Journal of Statistical Physics, 1997, 87 (1): 37-61.

[200] GIACOMIN G, LEBOWITZ J L. Phase segregation dynamics in particle systems with long range interactions-II: Interface motion[J]. SIAM Journal on Applied Mathematics, 1998, 58(6): 1707-1729.

[201] CAGINALP G, ESENTURK E. Anisotropic phase field equations of arbitrary order[J]. Discrete and Continuous Dynamical Systems-Series S, 2011, 4(2): 311-350.

[202] CHEN X F, CAGINALP G, ESENTURK E. Interface conditions for a phase field model with anisotropic and non-local interactions[J]. Archive for Rational Mechanics and Analysis, 2011, 202(2): 349-372.

[203] AGMON S. Lectures on elliptic boundary value problems[M]. New York: American Mathematical Society, 2010.

[204] AGMON S, DOUGLIS A, NIRENBERG L. Estimates near the boundary for solutions of elliptic partial differential equations satisfying general boundary conditions-I[J].

Communications on Pure and Applied Mathematics, 1959, 12(4): 623-727.

[205] AGMON S, DOUGLIS A, NIRENBERG L. Estimates near the boundary for solutions of elliptic partial differential equations satisfying general boundary conditions-II [J]. Communications on Pure and Applied Mathematics, 1964, 17(1): 35-92.

[206] OONO Y, PURI S. Computationally efficient modeling of ordering of quenched phases [J]. Physical Review Letters, 1987, 58 (8): 836.

[207] VILLAIN-GUILLOT S. Phases modulées et dynamique de Cahn-Hilliard[D]. Bordeaux: Université Bordeaux-I, 2010.

[208] MIRANVILLE A, ZELIK S. Attractors for dissipative partial differential equations in bounded and unbounded domains[J]. Handbook of Differential Equations: Evolutionary Equations, 2008, 4: 103-200.

[209] HECHT F. New development in FreeFem++ [J]. Journal of Numerical Mathematics, 2012, 20 (3-4): 251-266.

[210] GRASSELLI M, PIERRE M. Energy stable and convergent finite element schemes for the modified phase field crystal equation[J]. ESAIM Mathematical Modelling and Numerical Analysis, 2016, 50 (5): 1523-1560.

[211] GOMEZ H, HUGHES T J R. Provably unconditionally stable, second-order time-accurate, mixed variational methods for phase-field models[J]. Journal of Computational Physics, 2011, 230 (13): 5310-5327.

[212] MURIO D A. Time fractional IHCP with Caputo fractional derivatives[J]. Computers & Mathematics with Applications, 2008, 56 (9): 2371-2381.

[213] ZHENG Y, ZHAO Z. A fully discrete galerkin method for a nonlinear space-fractional diffusion equation[J]. Mathematical Problems in Engineering, 2011, 2011 (3): 264-265.

[214] TATAR S, ULUSOY S. An inverse source problem for a one-dimensional space-time fractional diffusion equation[J]. Applicable Analysis, 2015, 94 (11): 2233-2244.

[215] 孙亮亮. 时间分数阶扩散方程源项和系数辨识问题研究 [D]. 兰州: 兰州大学, 2017.

[216] HENRY D.Geometric theory of semilinear parabolic equations[M]. New York: Springer, 1981.

[217] LUNARDI A. Analytic semigroups and optimal regularity in parabolic problems[M]. New York: Springer Science and Business Media, 2012.

[218] ROBINSON J C. Infinite-dimensional dynamical systems: An introduction to dissipative parabolic PDEs and the theory of global attractors[M]. New York: Cambridge University Press, 2001.

[219] GELFAND I M, SILVERMAN R A. Calculus of variations[M]. Englewood Cliffs, New Jersey: Prentice-Hall Inc, 2000.

[220] KANG K, WEINBERGER C, CAI W. A short essay on variational calculus[R]. Palo Alto, California: Stanford University, 2006.